# 電動アシスト自転車を使いつくす本

疋田 智

東京書籍

# はじめに

最初に言っておきたいんだが、電動アシスト自転車は今後、必ずや日本中のほぼ全世帯に普及していく。そう言っても過言ではないだろう。

……いや、多少、過言かもしれんが、少なくともトレンドはその方向にある。

これまで数々の自転車のハヤリスタリ（サイクリング車ブーム、マウンテンバイクブームなど）を見てきた私に言わせても、今回の電動アシスト自転車は、今まさにそういう勃興《ぼっこう》期の途上にある。

ただ、その市場規模と革命性が、これまでのブームと桁違いなのだ。

たしかにブームといっても、目の前にあらわれている姿は「静かなブーム」に過ぎない。そんなに「マニアがいる」ようなマーケットじゃない。

だが、ふと気づくと、周囲の自転車（主にママチャリ）が少しずつ電動アシストに入れ替わっていることに気づかないだろうか。静かだが、しかし、何か力強いものが、そこには息づいている。大げさにいうと、交通社会が変わりつつある。

しかも、それは日本国内だけじゃない。

ヨーロッパで、アメリカで、アジアで、つまり世界中で電動アシスト自転車はウケている。これは事実だ。

そして喜ばしいことに、その元祖、つまり世界初の電動アシスト自転車は、この日本で生まれているのである。我々は今、世界中で大注目を浴びている電動アシスト自転車の〝ふるさと〟に住んでいるのだ。

そもそも電動アシスト自転車というものは、従来の「自転車好き」には嫌われがちな存在であった。少なくとも「へっ、なんだよ」と軽く見られがちだった。

本書の著者、私ヒキタも、その「自転車好き」の端くれ、それは満更ワカラン話ではない。

自転車に余計なアシストなんて要らないよ、電気なんて不要だよ、自分の脚力オンリーで行くのが自転車だよ、そもそもインチキだよ、電動でアシストなんて、とね。いや、ワカラン話どころか、私本人も小旗をぱたぱた振りつつ「自転車にはエレキなんて必要なーい」などと言っていた感すらある。

いやはや、今から考えると（いろんなことはあるものの）自らの不明を恥じ入るばかりだ。

自転車好きにとっての一種の〝電動アレルギー〟。

ところが、それが激変した。

★

理由はと問われれば（個人的な話ながら）小さな子ども3人との子育ての日々だ。それに加えて、坂の多い街に引っ越したこと。そして何よりこのところの電動アシスト自転車の多大なる進化である。

電動アシスト付きの自転車は、この20年でモノスゴク良くなり、そして、得意とするフィールドを次々と拡げていった。

もちろん従来の「自転車としての良さ」はそのまま残して、だ。たとえば健康的なところ、エコロジカルな良さ、お手軽で身近な良さ、経済的な部分、渋滞を起こさないこと……、その他、自転車がもつ素晴らしい部分は継承しつつ（驚いたことに「健康的」という部分について、使い方によっては、電アシは普通自転車を上回りすらしている）、電アシの利点ばかりがプラスされていった。

たとえば次のような部分だ。

- 乳幼児を2人乗せても安定して運転できる。
- 連続する上り坂を、楽にクリアできる。
- 自転車に慣れない人でも漕《こ》ぎ出しが安定している。
- 原付バイクなど内燃エンジンに比べると、ランニングコストが圧倒的に安い。
- 原付バイクのように免許が要らない。
- 廉価版ママチャリなどに比べると、つくりが格段にしっかりしている。

こうした利点が、このところのテクニカルな大進歩でますます担保されることになった。

スムーズかつ自然な電動アシストユニット、きちんと停まれる強力ブレーキ、ぶれない車体、ふらつかない子乗せ、ほか、この20年というもの、電動アシスト自転車は驚くほどに進歩を遂げたのだ。

★

その後、電動アシスト自転車は、さまざまなマーケットを得、なおかつ自転車としてのバリエーションも、いろいろと増やしていくことになる。

最大のマーケットは（おそらく）子育て中のママさんやパパさんだが、本文で追々述べていくように、その他のマーケットも大いに広がった。筆者ヒキタとしては、もう両手を挙げて慶賀というしかない。

もちろんまずは若いママパパだ。買うべし、電動アシスト子乗せ自転車。それは、必ず子育てをシアワセなものにしてくれる。ひょっとして日本の少子化に、多少の歯止めをかけることすらできるかもしれない。

その次のマーケットは、当然のように高齢者である。

特に、子どもも独立し、夫婦ふたり、またはひとりきりの高齢者にとって、たとえば「丘の上の団地」から、ふもとのスーパーに通うのはつらい。赤羽台で、桐ヶ丘で（ともに東京都北区の都営団地）、前カゴにレジ袋を載っけて、普通のママチャリを押して帰るお婆さんの姿を何度見たことか。

高度成長が終わり（その頃、全国に○○が丘ニュータウンはできた）紆余曲折の後、人口減少社会となって、現在いろいろなところでそういう風景を見る。

彼女たちにとって、その古びたママチャリは、レジ袋を運ぶためのリヤカーのようなものだ。行きはいいけど（乗っていけるけど）帰りはつらい。押して坂を上らなくてはならない。でも、レジ袋を手に持って歩いて行くよりマシ。だからそうせざるを得ない。

それを電動アシスト自転車に替えてあげることができたら。どんなに楽になり、外に出るのが楽しくなり、活動的になることであろうか。

はたまた地方で。現在、高齢ドライバーがさまざまなところでシリアスな事故を起こし、問題になっている。しかし彼らからクルマを取り上げることなどできない。日本の地方においてそれは完全なライフラインだからだ。だが、もしも電動アシスト自転車が、クルマ需要の大部分を肩代わりできるなら。

事故のシリアスさが減じるだけではない。自転車はそれ自体、ボケ防止になるし、クルマに比べるとはるかに健康との親和性が高い。そして電動アシストならば、高齢者といえど、無理なく走れるのだ。

もうひとつ高齢者に関していうなら、欧州での使い方はこうだ。

たとえばイタリア人のマルコさん(仮名・77歳)。若い頃はロードバイクでならした。中年になってもまだまだいけた。さらに年をとっても自転車趣味は変わらなかった。自転車運動は最も老けにくい筋肉を使う運動だからだ。だが、子どもと走り、孫と走り、やがて75歳をこえた頃あたりになって、やはり限界はやってくる。

かつての自転車少年は、自転車おやじになり、自転車じいさんになっていたのだ。そんなある時、家族でサイクリングに出かける機会がある。いや、一族と言ってもいい。イタリアの大家族が(たとえば、ね)皆で好みの自転車チームのジャージを着て、老若男女の一団で走っていく。その時、マルコじいさん、ハンドルのボタンを一押しするわけだ。その瞬間から背中を押してくれるような力強い電動アシストがもりもりと効いてくれる。

じいさん言う。「なに、まだまだ若い者には負けんぞ」。実は「電気の力を借りてだがな(笑)」。いや、それでもいいのだ。

同じような意味合いとしては「奥さんを自転車に乗せる」というのもある。これは高齢とは関係ないんだが、たとえば30代の若夫婦。自転車好きのダンナの以前からの夢は「夫婦でのツーリング」だ。はたまた家族とのツーリングだ。

もちろんダンナの自転車は高性能の軽い自転車だろうし（もともとの趣味だから）、ペダルを踏み続ける体力だってある（そりゃ自転車に慣れてるさ）。当然ながら自分だけが速い。

いざツーリングに出かけると、後からのろのろやってくる奥さんを待ち、奥さんがようやく辿《たど》り着いたら、さあ行こう、と、すぐに出て行ってしまう。息を切らせながらやってきた奥さんは、休む間もなくまた次だ。それはもう苦行でしかない。奥さんにとってもダンナにとってもまったく楽しくない。奥さんはこうした体験の後、おそらく「自転車嫌い」となるだろう。楽しくない理由を突き詰めると、（当然ながら）ダンナと奥さん、ふたりの間に横たわる脚力差に行き着く。

ところが、電動アシストはその「差」を埋めてくれるってわけだ。

平地の間は、ダンナがちょっと力を緩めるだけで同等となる。上り坂になろうものなら、奥さんの方が「あなた、遅いわね（笑）、あんなにエラそうなこと言っていたのに」と、鼻歌まじりに抜いて行くことすらできるのだ。

★

電動アシストは、おそらく「従来の自転車に足りなかったところ」を埋めてくれる。

私の経験で言うなら、普通の街乗りユースで、たとえば坂の多い東京都心を走る際、電動アシスト自転車は、何度も続く小刻みな坂のストレスを完全に埋めてくれた。日々、会社まで自転車通勤する私にとって、目の前の東京という街は、一気にフラットな街となった。

ほんの少しの「電動アシスト」という力を得ただけなのだ。だが、そのほんの少しの電気の力が、従来「自転車が苦手」だった人を、自転車フレンドリーにする。そして、そういう人たちに、自転車は新たな翼を与えてくれる。

日本人ならほぼ誰しも自転車少年（少女）時代をもっているはずだ。その頃から考えて「自転車お久しぶり！」の人も、はたまた「毎日乗ってるよ、だけど、最近、電動アシストも気になるのよね」の人も、「時々レースにも出るぜ、でも、昨今、街乗りで20キロも30キロも乗るにはちょっと疲れちゃってね」の人も。私と一緒に、いっちょ電動アシスト、試してみませんか？　そこにはエレクトリック・メリットの手合いが、もう山盛りてんこ盛りです。気づかなかった電動アシストならではのノウハウもきっとあることと思います。

さあ、ウェルカム・トゥ・ザ・電動アシストワールド。そこは、楽しさと楽ちんさ、ふたつの「楽」が共演する新たな自転車の世界です。

もちろん「現在すでに電アシ自転車に乗ってるぞ！」という方にも（おそらく）目からウロコの使い方など、さまざまな発見があるものと自負しております。

対外的に「自転車ツーキニスト」を名乗り、自転車のエバンジェリスト（布教伝道者）を称して20年。その前の自転車少年時代からいうなら、すでに40年以上。

その私が見ましても、現在の自転車は、エレキの力を得て、新たな飛躍をスタートしたところなのです。

電動アシスト自転車を使いつくす本
もくじ


はじめに 002

第一章 電アシ子乗せ自転車の進化と基本構造

電動アシスト子乗せ自転車の大進歩！ 012
電アシ自転車各部の名称と基本構造 024
「自転車」というものに共通のコツ（のようなもの） 048

第二章 電アシ自転車、立ち位置はどこにある？

電動アシスト自転車とは何だろうか？ 062
自転車の安全運転に関する法〝基本中の基本〟 068
フロント子乗せに見る偉大なる進歩 076
電アシ自転車で健康的にダイエット 083

第三章 電アシ自転車を使い倒せ！

電アシ子乗せ自転車ならではの注意点 088
自転車各部はこうして使う 096

バッテリーと上手に付き合おう 105
維持費の安さと「自転車保険」 116
雨の日の自転車について 122

第四章 電アシ自転車の新潮流「スポーツ電アシ」

電動アシスト・スポーツ自転車序説 132
電アシロードバイクのさまざまなメリット 136
電動アシストロードバイク、もはや新次元？ 147

第五章 電動アシスト自転車の未来

昨今リアルな北京自転車事情 159
電アシ自転車「Eバイク」と、さまざまな「今後」 175
電アシ自転車、そして、未来へ 186
そういうわけで、ヤマハ発動機で聞いてきた 192

おわりに 201

# 第一章

# 電アシ子乗せ自転車の進化と基本構造

電動アシスト自転車というのは、ある意味、日本という状況が生んだ「奇妙な自転車」である。

以前は「電動サポート自転車」ともいった。

意味としてはまったく同じで、要するに電気モーターが人間の脚を「助ける」という構図の自転車だ。

どんな高性能のものを積んだとしても、電気モーターはあくまでサブ。縁の下の力持ちに徹する、と。

いったいなぜだろう。電アシ自転車の電気モーターはなぜ主役にならないのだろうか。

## 電動アシスト子乗せ自転車の大進歩！

### ここ20年の大進歩

電動アシスト自転車はこの20年で大進歩を遂げた。特にそれは「子乗せ自転車」において顕著だ。

あらゆる意味での大進歩。ブレーキもそうだし、モーターユニットもそう、ボディ（フレームそのもの）もそうだ。２０００年初頭からここにいたるまで、ここまで長足の進歩を遂げたものは、携帯電話とパソコンぐらいではあるまいか。

はて、どういう話なのだろうか。

あえてワタクシゴトから話を始めさせていただくが、わたくし筆者ヒキタは、数年前、1歳の娘と4歳の息子を乗せるために、電動アシスト付き（以下「電アシ」）の子乗せ自転車を買った。私にかぎらず電アシ自転車を買う一番のキッカケはおそらく「子育て」にあると思う。もちろんカミさんも「欲しい！」と言った。これまた子どもを英語塾まで乗せ、そのままスーパーに行き、子どもが塾にいる間に買い物を済ませておきたいという需要である。

というわけで、48歳（当時）にして久々のNEWママチャリであった。ブリヂストンの「アンジェリーノプティット」という、20インチという小径のタイヤを履《は》いた（ママチャリとしても小径）ちょっとオシャレな電アシ子乗せ自転車である。

それが家に届いて、乗ってみて驚いた。

モノスゴく進化しているのだ。乗ってみるに、子細見てみるに、私はひそかに舌を巻いていた。

モーターのスムーズネス、バッテリーの軽さ、小ささなど、さすがに現代の電アシ自転車だけあって、スゴいにはスゴいんだけど、こういう進歩は、まあ、予想の範疇内である。いわば定向進化。ところが、それにとどまらないスゴ味が随所に潜んでいたのだ。

まさに日本独自に進化した〝ガラパゴス自転車〟が、電アシ自転車のスタート地点ではある。

だが、ガラパゴスはガラパゴスなりに、すさまじい進化を成し遂げていたのだ。

## ガラパゴス化した理由と進化

そもそも、日本の電動アシスト自転車には大きな制約がある。

ひとつには「ママたちにありがちな〝歩道通行〟を前提とする」こと（私ヒキタ的にはどうかと思うけど）、もうひとつが「あくまで人力のアシストに徹すべし」ということだ。

海外（中でも中国）の電動自転車（または電動モペッド）のように「ハンドルにスロットル（アクセル）を装着する」というわけにはいかない。

しかも「人力1に対して、アシスト力は最大2まで」という決まりになっている。だから、これらの電アシ自転車はすべて踏力センサー、スピードセンサーなどを搭載し、その時その時に応じたアシスト力を発揮する仕様になっている。意外や、けっこうハイテクなのである。

さらにいうなら、子乗せの「装着」も必須である。何のことかというと、歩道を前提としている以上、欧州諸国のように子乗せトレーラーを引っ張るわけにはいかないからだ。トレーラーを引っ張ると、縦横のサイズが〝普通自転車〟のレギュレーションを超えてしまう。そんなデカい自転車で歩道を走るわけにはいかない。というよりそのサイズだと、歩道を通ることが法的に不可能になってしまうのだ（自転車の歩道通行については73ページのコラムを参照）。

これらの制約の結果、電アシ子乗せ自転車は、あまりにユニークな日本独自の進化を遂げていった。

歩行者を脅かさないように。スピードは出せないように。何かあった時、すぐに足が地面に着くように。低速でも安定するように。子どもを安全に乗せられるように。しかし坂道は楽に……。

なんというガラパゴスなハードルよ。

だが、そのガラパゴス的な生存環境を乗りこえなくては、日本で生き残っていけない。電アシ自転車は独自の進化を遂げていく。しかし、そこはやはり日本製だ。進化自体のクオリティが高かった。

たとえばブレーキ（および、その周辺）である。

発売当初の電アシ子乗せ自転車のブレーキはプアだった。ブリキ板が2つ合わさったような、従来のママチャリの流用型。

しかし、それがすぐに変わっていく。

## まずは〝制動〟に格段の進歩

電アシ子乗せ自転車は、重い。

これは諸般の前提として申し上げておくが、電アシ子乗せ自転車はトンデモなく重いのである。

ただでさえ重めの「ママチャリという自転車」に、バッテリーと、モーターと、駆動システムと、前後のチャイルドシートを載せ（車重は1台あたり35キロにもなる）、その上に、ママ1人、前に子ども、後ろにも子どもが乗る。ということになると、総重量が130キロ前後（あるいはそれ以上）に達してしまう。

当然、普通のブレーキでは停まれないのだ。

太めのセミブロックタイヤ

最もタマラナイのが下り坂で、ママチャリ用のプアなブレーキでは、握っても制動できなくて「あーれー」となることが容易に想像できた。有り体に言って危険だった。

そのブレーキを、まず「デュアルピボッドのキャリパーブレーキ」というやつに替えた。ひとことで言うならロードバイク（ドロップハンドルの競技用自転車）などが付けているアレである。これで制動力はかなりアップした。

しかし、それでもまだ足りない。キャリパーブレーキはスピードの調整には向いているものの、急ブレーキには、若干、甘い部分があるからだ。

ということで、次のモデルは、必殺制動の「Vブレーキ」に変更された。一言で言うなら「モノスゴク利くブレーキ」である。こちらはマウンテンバイクなどに多く採用されている。

しかし、そのままでは利き過ぎる。で、あまりに急制動がかからないように、アブソーバー付きとした。カクーンッと利くのではなく、じわりと確実に利くようになった。これで、ブレーキ自体はものすごく改善されたといえる。

ところが、そのままブレーキ自体は利いたとしても、タイヤがロックしたならば、何にもならない。

アスファルトの上を「あーれー」とタイヤが滑っていくばかりだ。

というわけで、よくタイヤをご覧《ろう》じろ。現在の電アシ子乗せ自転車は、ほとんどすべて「太めのセミブロックタイヤ」を履いているのだ。しかも多くは小径。「小径」という部分は、子どもを持ち上げやすくし、重心を下げる、という意味だが、太め、かつ、ブロックというのは、タイヤのグリップ力を上げて、停まりやすくするという意味だ。段差にも強くなる。

つまり電アシ子乗せ自転車は「停まる」という意味において、ブレーキ、タイヤ、といくつものステップを踏んで、大進歩を遂げてきたのである。

ただ、小径・太め・ブロックということになると（あたかも三重苦）必然的に漕ぎが重くなる。

しかし、そこは電動アシスト付きだ。本来の脚への負担を補って余りある。

これ、地味に見えて、けっこう偉大なる進歩だよ。

## だが、一番の進歩は〝剛性〟だ

このように制動システムに大いに感銘を受けた私であったが、それにも増して、一番、感銘を受けたのが、フレームの〝剛性〟だった。

実は子乗せママチャリ、2008年に、国（警察庁）によって禁止されようとしたことがある。子乗せは危なっかしい、そもそも日本の道路交通法は2人乗り（それ以上）を禁じている、というのが、禁止の理由だった。

ところが、子持ちママさんたちからの圧倒的な反対と、少子化対策に逆行するという議論から、警察庁は「安全性が担保されるならば、容認する」と転じたのだ。今から思うと大英断であった。

ただし、その際に警察庁は「製品自体による安全性の担保」を各メーカー（実際には、業界団体・一般社団法人自転車協会）に義務として課した。

だから、子乗せママチャリには、厳しいレギュレーションがある。強度と精度、子どもを2人乗せてもふらつきにくく、低速でも安定していること……。もちろん国産メーカー各社だもの、そのレギュレーションをきちんと守る。

すると、電アシ子乗せママチャリ、同時に「剛性」も手に入れることになったのだ。分かりやすく言うと、フレームが捩《ねじ》れにくくなったのである。

これが実にいい。

実は従来型の安ママチャリ、特にダンシング（立ち漕ぎのこと）でもしようものなら、見た目にもフレームは捩れていたものだ。それが力の逃げを生み、自転車のヤレを生み、チェーンを外れやすくしていた。

ところが、これにはそれがない。踏力がダイレクトに推進力に繋《つな》がる。力の逃げがない。

これはクルマにおいて顕著なんだけど、剛性というものが高くなると、ハンドリングがシュアになる。ハンドルの手応えがシャキッとして、思ったところに曲がれるようになる。いわゆるスポーティなハンドリングになるというわけだが、それが実は安全性にも結びついている。

それと同じことは自転車にも言えたのだ。


**パパにも乗っていただきたい!**


電アシ子乗せママチャリは、その剛性を手に入れた。

こうなるとタマランね。なにかもう一漕ぎで「おれは今、高級なものに乗っている!」というのが分かる。

ブリヂストンの「HYDEE.Ⅱ」

おそらく普通のママ、つまり素人さんでも分かると思う。事実として、この電アシ子乗せ自転車は、買った後の「顧客満足度」が異様に高い商品でもあるそうだ。私は「パパにも乗って欲しい」と思う。

特に元クルマニアのパパで、現在はミニバンやワゴンに乗ってるパパ。「これはいい！」と思うと思うぞ。

ブリヂストンの「ハイディⅡ」なんかはデザインセンスからして、もろパパ向けなんだから。

聞けば「ハイディⅡ」最初は、光文社のオシャレママ雑誌「VERY」なんかとコラボして、まさに「オシャレなママのための、オシャレなママチャリ」コンセプトからスタートしたそうだ。

ところが、今では「オシャレママチャリ」であると同時に「育メン・パパチャリ」に進化してしまった。

カラーはブラックだわ、マッチョなブロックタイヤは履いてるわ「ママチャリに乗ってる」感が薄い。ちょっとクラシカルでオーセンティックな雰囲気もいい。どうぞ、元エンスー（死語）のパパ。

元エンスー。

つまり、バブル時代に「独立懸架のダブルウィッシュボーンがどうの」「DOHCがどうの」などとワケの分からないクルマ用語ばかりを口にしていた人々のことを指す。

今となっては、それって何だったっけ、になってしまった。マニュアルボックスのトランスミッションにも最近触れてない。で、ふと気づくと中年おやじ。つ

ハンドルロック

スタンドは安定感があり、テコの原理で、踏めば軽く立つようにできている

まり私のお仲間のことなのでありますけどね（笑）。

## 痒《かゆ》いところに手が届く

それ以外にも色々なところが進化していてね。

たとえばスタンドは、テコの原理を応用して、力がなくとも軽く立つようにできている。これなら若いママさんだって無理がない。

フロントの子乗せはハンドルロックが利いて、停車時も安全だ。これ、以前の子乗せ自転車は、停めた時に子どもの動きでハンドルがフラついて危なっかしかったのだ。

フロントライトやリアライトは、暗くなると勝手にオート点灯。電アシ自転車だから、電源は無論のことバッテリーだ。よってペダルが重くなることもない。

ちなみにリアの赤ランプは、停車後もしばらくの間、点滅して、子どもを降ろしている間、後方にアピールしていてくれている。

それ以外も、日中の直射日光のもとでもハッキリ見える液晶表示や、子どもが乗り降りするためのステップなど、もう、あらゆるパーツにおいて、痒いところに手が届いている。

あ、そうそう、バックミラーだけは後付けで、自分で付けた。これはヒキタ的には必須である。やはり右後ろは首を捻《ひね》らずに見えた方がいい。メーカーはミラーも標準装備とすべきだろう。（このあたりの詳細は第三章にて）

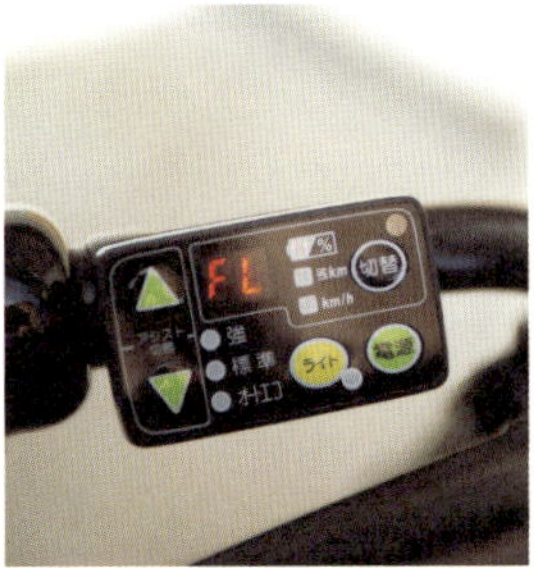

日中の日なたでも見やすい液晶表示

リアライト

フロントライト

## 子育てがシアワセなものになる

乗せれば、1歳の娘は手を叩いて喜ぶし、いや、悪くない買い物をしたよ。

ちょっと高かったけど。

ふむ、気になるところはそこだ。

値段のことである。

私の場合、全部合わせて16万円超というところだったろうか。都内のとある量販店で買ったんだけど（ポイントなど1万円以上がついたから、それを合わせると15万円程度か）、それにしてもまあ、普通の感覚でいうと「チャリンコ1台16万円」は高いには高いな。

ま、自転車マニアが乗るロードバイクなどと比べると「激安！」といっても差し支えないくらいだが（なにしろあの手のドロップハンドルの自転車は1台30万や40万円が当たり前なんだから）、そういうのは、比べる相手が間違っているし、感覚が違い過ぎる。自転車マニアという人種は、そういう基準が狂っているんだから。むろん私も含めてだが。

ロードバイクではなくて、ホームセンターなどで売ってる激安ママチャリと比べると、およそ10倍である（本体＋後付け子乗せなどで試算）。では、この自転車に10倍の価値があるかと言われれば……。

ある。

価値ありありだ。私は本気でオススメする。快適性だけではなく安全性についてもメリットがあるし、買った後の満足度が違い過ぎる。満足度10倍以上である。

というわけで、本気で思うのだけど、子育てに、電アシ子乗せ自転車は必須であります。迷っている人は、今すぐ買うべきだろう。

特に、2人以上、つまり複数名の子どもがいる方には、電アシ子乗せ自転車は、プレコンディションすなわち〝子育ての前提条件〟ですらあると私は思う。

電アシ自転車じゃなくクルマでいい？

いや、都会の場合、停めるところがないよ。特に保育園や幼稚園に送り迎えする際には、たくさんの保護者が同じ場所に殺到するから、園の方で「クルマでの送り迎えはご遠慮ください」になっているところが多いはず。

電アシ自転車は場所をとらないし、速いし、楽しいし、楽だし、イイコトばかりだ。おまけにクルマと比べるならば、価格だって激安。ランニングコスト（ガソリン代や税金や保険代、ほか）にいたっては、クルマと比べると、ほとんどゼロに近い。

一も二もなく是非どうぞ。

筆者ヒキタとしては大オススメである。特に坂の多い街にお住まいの（私もそう）パパ・ママ・ジジ・ババには、特大のレコメンドである。

この自転車は間違いなく子育てをシアワセなものにしてくれるはずだ。

## コラム　ブロックタイヤがなぜかベストマッチ！

現在の電アシ子乗せママチャリは、ブロックタイヤの装着率が非常に高い。

その当初の理由は「見た目」からのスタートであったと私ヒキタは推測している。

例のブリヂストン「ハイディⅡ」という自転車が「育メン用パパチャリだ！」と大きく舵を切ったのはつくづく大きかった。色は黒基調、クラシカルでオーセンティック、というのはすでに書いた話だが、その雰囲気を大いに盛り上げていたのが、ブロックタイヤだったのだ。

このブロックタイヤ、ごつごつしていて、無骨で、でも、そこが、男らしい！　マッチョ！　本格的！　な感じがする。

ハイディⅡ（上）と
ダッチバイク（下）

しかしね、本来でいうとブロックタイヤは街乗りにはまったく向いていないのですよ。もともと野山を駆け回るマウンテンバイクのためのタイヤであって、ゴツゴツの突起はそのためのものだから。これを街乗りで使うと、タイヤそのものが重いわ、ペダルの抵抗（漕ぎ）はもっと重くなるわ、スピードは出ないわ、そもそも高価だわ、と、いいところなど、ほぼなかった。

ところが「電動アシスト」という特質が、そういうディスアドバンテージを払拭した。

そうなると、かわってブロックタイヤの美点「グリップ力が高い（つまりすぐに停まれる）」「段差を乗りこえやすい」などが前面に出てきて、こりゃ電アシ自転車にベストマッチ、ということになった。電アシ自転車の新たなセオリー。こうしたことの積み重ねが、電アシ自転車の次なる進化を生んでくれている。

あと、これはちょっと（おやじヒキタ的には）驚きつつも納得したことなんだけど、このパパチャリ的な「ハイディⅡ」路線は、元に戻って「オシャレを自認する若いママさん」たちにもウケまくった。

都内でも、港区、渋谷区などのオシャレな街角で、ほんとに「ハイディⅡ」をよく見る。で、それが結構いい風景なのだ。

このマッチョな自転車に若いママが乗っていると、意外なことに「オシャレなダッチバイク」のように見える。ダッチバイクとはオランダの軽快車のこと。「ハイディⅡ」に乗るママさんの周辺だけが、あたかもアムステルダムの街角のようだ。

これは自転車にかぎらずデザイン全般に言えることだと思うけど、若い女性は「いかにも女性用」「これってフェミニンな感じでいいでしょ？」なんてものにはノラないと今さらながら思う。ピンクに塗ろうが、花柄にしようが同じで「おやじが考える女性的な女性もの」なんてものに、彼女たちは見向きもしない。

本気で考えた上で決まったデザイン「こういう必然からこうなった」「これが本格派なのだ」というものにこそ反応する。

このことは、あらゆるマーケティングのヒントになるものと、私は考えている。

## 電アシ自転車各部の名称と基本構造

自転車の構造ってのはもちろん非常にシンプルなものでありましてね。電動アシストが付いても、そのシンプルさに、そんなに変わりはない。

そういうシンプルな道具であるにもかかわらず、〝交通社会における移動体〟としての動作、すなわち「走る」「停まる」「曲がる」という基本についてはクルマと同じだ。何万もの部品の集合体であるクルマと、シンプルな自転車。だが、そこに妥協があってはならない。

そのために、各部に研ぎ澄まされた専門パーツが存在するのであります。

よく「戦闘機（潜水艦、戦車など何でも可）は、究極の機能美であって、必要ないものはひとつとして存在しない」なんてことが言われたりするけれど、実はこれ、最も身近なところでは、自転車にふさわしい言葉だ。

自転車には「必要のないパーツ」がひとつもない。

ということで、ひとつひとつを知っていこう。

なに、そんなに難しいことを書いていくつもりはないから大丈夫。

シンプルな道具にはシンプルな解説が似合う。

しかしながら、項目によってはあまりシンプルでない解説だったりする。それは筆者のパーソナリティでありまして、悪しからずご了承を。

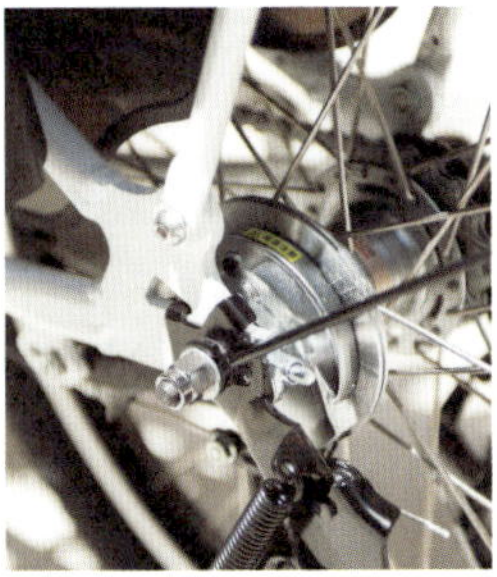

後ブレーキ

前ブレーキ

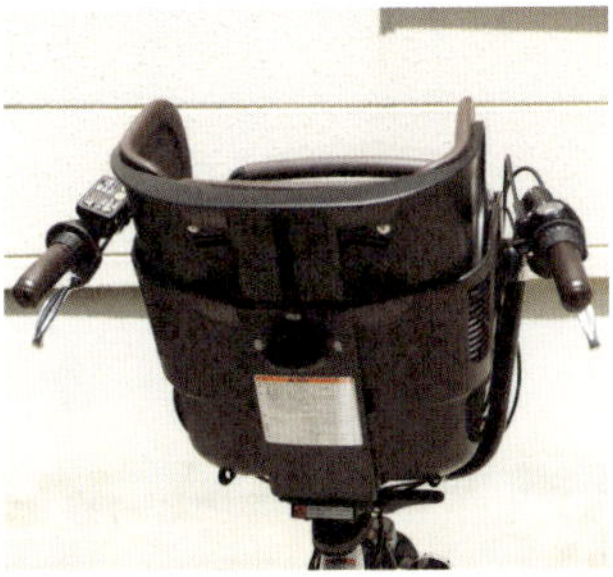

左右のブレーキ

## ブレーキ

右手のレバーが前ブレーキで、左手のレバーが後ブレーキ。一見常識のように思えるけれど、これ、実は欧米基準の逆で、イタリアなどでロードバイクやマウンテンバイクなどを借りてみると、左右のセッティングに「おや、逆?」と思う。なぜなのかはよく分かっていない。

ただ、そうしたスポーツバイク（特にMTBダウンヒルなど）の世界では、左右のブレーキの差は、挙動にハッキリと差が出るため、慣れない逆ブレーキに乗っているとちょっと危ない。

まあ、電アシ子乗せ自転車などでは、そこまでセンシティブな扱いをすることはないんだけど、前後のテイストを一応知っておくことは悪くないと思う。

こんな感じだ。

### 前（右）ブレーキ

前ブレーキの方が利きます。ワイヤーが短くて力の「逃げ」が生じにくいし、「停まる」という動きは、必ず前方に重量がかかるものだから。

ただ下り坂などで、前（だけ）の急ブレーキをかけると、前輪だけがロックして、ひっくり返ることがある。このあたり注意が必要で、要するに「前ブレーキは利くけど利き過ぎることがある」ということなのだ。

キャリパーブレーキや、Vブレーキなど、リムをゴムで挟み込むタイプ（リムブレーキ）のことが多い。スポーツタイプだとディスクブレーキもなくはない。

## 後（左）ブレーキ

後ブレーキの利きは今ひとつ。

しかしながら、マイルドに速度調整ができ、何かあってもひっくり返ることがなく、安全なのが身上だ。

ただ、これまた特に下り坂などで後（だけ）の急ブレーキをかけると、後輪タイヤがロックしてしまい、タイヤが路面を滑ることがある。こうなると、停まれない。つまり後ブレーキは「安全だけど利きは今ひとつ」というテイストなのだ。

リムブレーキのこともあるけど、ママチャリ型の場合、多くはローラーブレーキやバンドブレーキなど、ハブ（車軸）の回転体を締め付けるタイプ（ハブブレーキ）のことが多い。

スポーツタイプだとディスクブレーキが採用されることも増えた。

で、このブレーキ、後輪のハブブレーキやディスクブレーキの場合、素人にメンテナンスはできません。異音がしたり、利きが悪くなったりしたら、迷うことなく販売店に持ち込むように。

ブレーキ性能は、安全直結、というか生命にそのまま結びつくんで「不調のまま乗ってる」なんてのは最悪だ。

素人にも手が出せるのは「リムブレーキ」、つまり多くの場合「前ブレーキ」であります。特にブレーキシュー（ゴムの部分）は、消耗品中の消耗品で、1年に1度程度、交換することが望ましい。

1年とか期間を決めなくても「シューが減ってきたら、その時に交換すればい

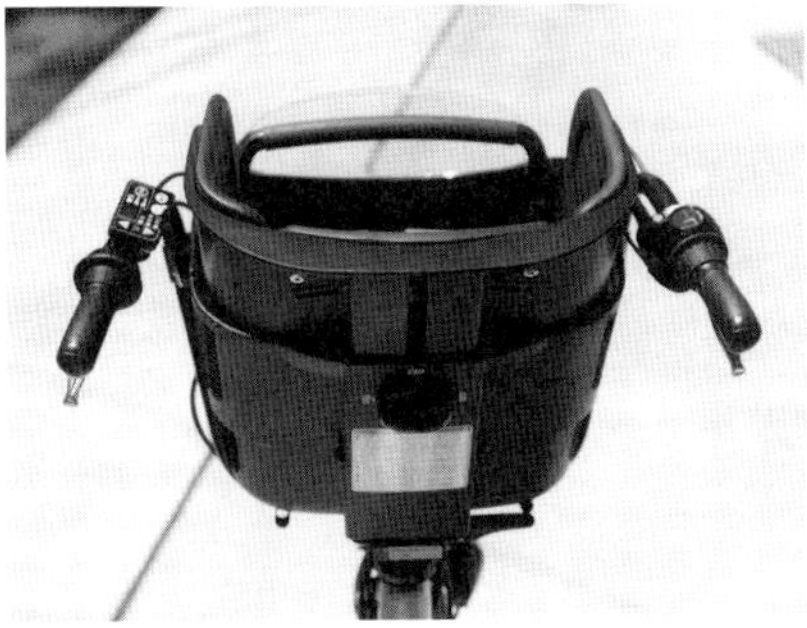
ハンドル

いじゃん」というのもアリはアリだけど、こうしたゴム&樹脂系の部品というものは、太陽光、すなわち紫外線などにあたると、使わなくったって劣化するもので、時間的に交換時期を決める方がいいと思う。安いし。おまけに簡単。交換してみるとビシッとした利きが戻ってきます。方法を次ページに解説するので、ぜひお試しあれ。

## ハンドル

通常の自転車と違うのは、電アシユニットの操作パネルがあることと、変速機のシフターが付いていることだろうか。だが、ハンドルはハンドルだ。上半身を支え、運転方向を変え、乗車姿勢を安定させる。これが自転車ハンドルの機能であり、自転車のなかでも最も重要なパーツのひとつである。クルマのハンドルと異なり、フィジカルな機能を持っている。

このハンドル、サドルと同じく、高さの調整がきく。ママチャリ系の場合を例にとって、そのやり方を次ページに紹介する。

ハンドルの手で触る部分、すなわち「グリップ」は、消耗品である。ゴム製か樹脂製だから、太陽光などで劣化し、いつしかベタベタまたはカチカチになってしまうもの。これは特に安全性に直結するわけではないのだけれど、日々乗るのに不愉快なんで、おかしいなと思ったら、交換してみることだ。

ハンドルそのものの角度を変えることもできる。

## ハンドル高の調整

ハンドル軸（ステム）の真上のボルトを6角レンチ（アーレンキー）で緩めます。これは「外す」のではなく「緩める」です。ハンドル軸の中には臼型、または斜め臼型の大きなナットが入っていて、それを緩めると、そのままハンドルが外れることになるからです。

ある程度緩めると（ネジのアタマが1cm程度飛び出るくらい）自然にストンとネジが落ち、ハンドルがぐらぐらになります。そうでない場合は、中で油が固まっているか、錆びついてしまっているんで、ネジのアタマを木槌のようなもので叩いてみてください。必ず落ちます。

ネジアタマが落ちたら、ステムはぐらぐらになっているはずですから、適当な高さに調整して、再びネジを締めます。ハンドルは必ず前輪と直角に調整します。

## ブレーキシューの交換

10mmのレンチでブレーキシューの取付ナットを外してしまいます。左手でシューを押さえながら右手でナットを回す。ナットが外れると、ブレーキシューは自然に取れます。

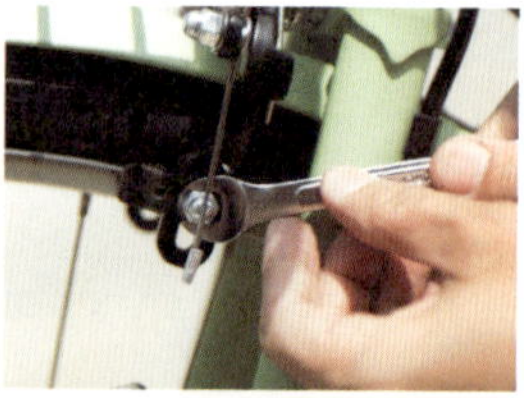

比べてみるとこの通り。古いブレーキシューは擦れて減っているだけじゃなく、よく見ると、リムに当たる部分に細かい砂や小石がめり込んでいることが分かるでしょう。これでは、利かなくなるだけではなく、リムにダメージを与えてしまいます。新品のブレーキシューは、リムの材質によって適合種類があります。「スチール用」「ステンレス用」「アルミ用」「カーボン用」などですが、電アシ自転車の場合は、ほぼステンレスかアルミです。材質はリムに書いてあるんで、それに適合するものを選んでください。

取付作業は、外す作業の、そのまま逆です。ブレーキシューがリムにぴったり当たるように調整しながら取り付けてください。斜め取付に注意。

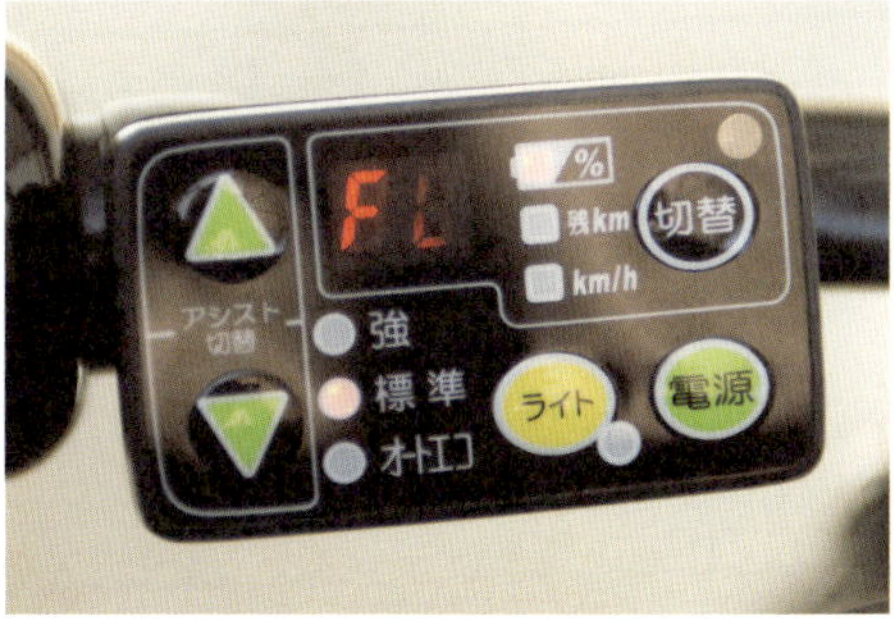

操作パネル（コントロールパネル）

これはハンドルを支持している部分のネジを緩めること。角度を調整したらまた締めればいいだけだ。

## 操作パネル

実際にサドルに跨《また》がってみて、普通の自転車と何が違うか、1番目につくのが、電動アシストの操作パネルというやつだろう。大抵、ハンドルの左に装着されている。

メーカーやモデルによって差はあるけれど、大まかなところ、操作ボタンと表示されている項目は次の通りだ。

- 電源スイッチ（これを押さないとアシストが入りません）
- 現在の速度
- バッテリーの残量（あと何%か、あと何キロ走れるかなど、表示内容が選択できる、ただし、上り下り、平坦など、路面状況で変わってくる）
- アシストモードのセレクト（多くの場合、パワフル、標準、バッテリー節約〈距離重視〉の3つのなかから選ぶ）
- ライトのオンオフ

ま、操作パネルに書いてある通りで簡単だ。

筆者ヒキタとしては、ハンドルやボディと一体化するとか、もう少しスタイ

タイヤ全体。金属部分がリム。リムを支える金属棒がスポーク。中心の車軸がハブ

リッシュに作ってくれてもいいのにと思うのだけどね。

## ホイール・タイヤ

一番外側にあるゴムの部分が「タイヤ」、タイヤの中に入っている（見えない）円形のゴム風船が「チューブ」、金属の輪っかが「リム」、リムを支える金属棒が「スポーク」、真ん中の車軸が「ハブ」であります。

またタイヤを除いた（あるいは除かない）車輪部分全体をホイールという。

ここで「パンクの修理の仕方」なんてことを解説してもいいんだけど、本書の基本路線は「パンクから向こうは専門店に任せよう」にあり、と考えている。であるからして、パンクしたら、自転車屋さんに押していってください。

ま、ひとくちに「パンク」といっても、前輪は比較的、簡単なんだ。問題は後輪でね。

ママチャリ系の場合、後輪はホイールを外すこと自体がヒジョーに面倒くさく、なおかつ組み直した時に、また変速機の調整などをしなくてはならないため、多くの場合、ホイールを外さずにパンク修理をする。

これがまたやりにくいのよ。「後輪パンク修理、しかもママチャリ系」と言われると、慣れた人でもちょっとだけ辟易するんで、ま、専門家に任せた方が無難は無難だ。

ホイール関係で注意すべき点は「空気チェックを頻繁に」ということだろうか。これは43ページで多少詳しく。

BB（クランク軸）を直接回すタイプのモーターユニット（スポーツタイプ用の最新型）

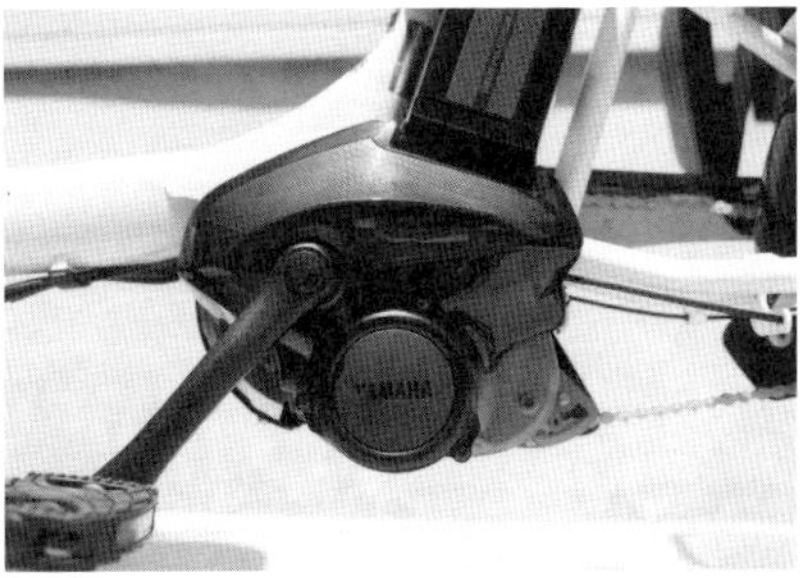

チェーンを引っ張るタイプのモーターユニット（ママチャリタイプはほとんどこれ）

### 電動アシストユニット（モーターユニット）

モーターユニットの構造には、実はいろいろな形状があって、日本の場合は大まかに言って２つ。

ママチャリ型の「チェーンを引っ張るタイプ」と、ロードバイク型の「BB（クランク軸）を直接回すタイプ」が主流だ。

海外ものには（日本にもなくはないものの）ハブ軸を直接回すタイプだの、シートチューブにドリル型のモーターを入れ込むタイプだの、いろいろある。

今後、日本にもいろいろなシステムが入ってくるとは思うけど、現状２種類なのは、日本のレギュレーションが異様に厳しいこととも無関係じゃない（62ページ参照）。

### フロントライト

電アシ自転車の、割合目立たないメリットのひとつに、フロントライトがある。通常のママチャリなどと違って、ダイナモ（発電機）を使わないからだ。電力の供給はそのままバッテリーから。よって、ライトが点いてもペダルが重くならない。

おまけに昨今のママチャリ系の電アシ自転車には、光センサーが付いているので「周囲が暗くなったら自然に点灯！」というのがほぼ標準になっている。

これまたまことにいいことで、薄暮の時刻、クルマからの視認性がまったく変わる。

光軸が歪んだら手で歪みを元に戻しておこう

ここ10年でかなり進化したフロントライト

トンネルに入った時なども自然点灯。じつに楽ちんで安全である。

最近のLEDライトは、光量は大きいのに、消費電力は少ないので、バッテリーにもほとんど負担がかからない。

色々なことを考えると、フロントライト、この10年で最もよくなったパーツのひとつだと思う。

ただ、日々、使っているうちに、駐輪場の入り口なんかでぶつけて、光軸が歪んでしまうことがある。その場合は自分の手で歪みを元に戻しておこう。

光の中心は「5メートルから10メートル先あたりの路面を照らしている」という程度がちょうどいい。

このあたり「○メートル」というのは、それぞれお住まいの都道府県の条例で定められているんだけど、大切なのは光軸を地面平行よりも下げるということだ。

クルマのハイビームのような形になると、対向するクルマや歩行者にかなり迷惑で、昨今のLEDライトはいささか眩しく感じるくらいに明るいのだ。

路面のデコボコ、安全性を知る、という意味でも、照らす中心は「ちょっと先の路面」あたりが適当だ。

**参考**　道路交通法第五十二条

車両等は、夜間（日没時から日出時までの時間をいう。以下この条及び第六十三条の九第二項において同じ。）、道路にあるときは、政令で定めるところにより、前照灯、車幅灯、尾灯その他の灯火をつけなければならない。政令で定める場合においては、夜間以外の時間にあっても、同様とする。

**参考** 道路交通法施行令（政令）

第十八条　車両等は、法第五十二条第一項　前段の規定により、夜間、道路を通行するとき（高速自動車国道及び自動車専用道路においては前方二百メートル、その他の道路においては前方五十メートルまで明りように見える程度に照明が行われているトンネルを通行する場合を除く。）は、次の各号に掲げる区分に従い、それぞれ当該各号に定める灯火をつけなければならない。

**参考** 東京都条例（道路交通規則）

第9条　（1）白色又は淡黄色で、夜間、前方10メートルの距離にある交通上の障害物を確認することができる光度を有する前照灯

（2）赤色で、夜間、後方100メートルの距離から点灯を確認することができる光度を有する尾灯

## リアライト・リフレクター

リアライトはいわゆる尾灯、リフレクターはいわゆる反射板のことである。ママチャリ系の電アシ自転車にはいずれも最初からちゃんとした尾灯が装着されている。フロントライトと同じで暗くなると自然点灯するものが多い。

良い時代になった。なんて。

ただ、ちょっとモデルが古かったり、スポーツ系のモデルだったりして、これが装着されていないこともある。その場合は、いわゆる「フラッシャー」というやつがオススメであります。

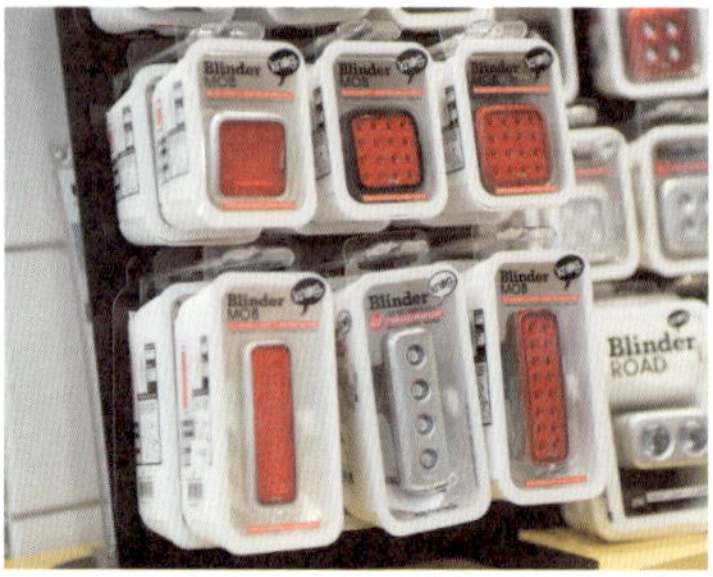
後づけの赤色LEDライト（フラッシャー）は種類も豊富

最初から付属するかなりしっかりとしたリアライト

後付けの赤色ＬＥＤライト。チカチカ点滅して背後のクルマに「ここに自転車いるよ」と教えるわけだけど、１００メートル後方からでも見える。

特に冬場、子どもを迎えに行く時は、すでに夜なんてことは多いと思う。その場合の後方の安心感がまったく違う。

自分がドライバーの立場になったとして考えればわかるはず。赤光チカチカの自転車と、何もない自転車では視認性がまるで違うもの。

そういうわけで、私としては、赤色ＬＥＤフラッシャーは、安全のための必需品であると思うのだ。

## サドル・シートポスト

サドルというものは、まあ奥が深くてね。

スポーツ自転車の世界には、自分の尻に合った〝理想のサドル〟を求めて、次から次へとサドルを試して渡り歩く「サドル・夢追い人」「サドル・ボヘミアン」などという人種がいるくらいだ。

それだけ人間の臀部は人それぞれ、さまざまな乗り心地があるということなんだけど、まあ、そのあたりは後の楽しみ（いや、苦しみ？）にとっておいて、最初にこだわるべきはサドルの高さだ。

この話、詳しくは１０１ページを参照していただきたいんだけど、多くの場合、ママチャリ系のサドルは「低過ぎ！」なのだ。

シートポストとシートチューブの継ぎ目にあるレバーを回し、ほんの少し高め

ペダル、クランクとBB（ボトムブラケット）

サドル高を調節するレバー

にセッティングすると、自転車というものはずいぶん走りやすくなる。

## ペダル・クランク・ＢＢ

ご存じの通り、足を乗せるところをペダルという。で、ペダルがくっついている金属棒がクランクだ。

両方のクランクが回る軸になっている部分（外からは見えない）が「ＢＢ（ボトムブラケット）」である。

このＢＢという言葉を会話のはじっこにでも挟むと、自転車マニアのナイスガイたちから「なんでそんな言葉を知ってるの？」と驚愕され、自転車好きとして一目おかれるはず。

ペダルの踏み方については51ページ。

## 変速機

後車輪の真ん中、すなわちハブの中に仕込まれている「内装式」と、外から数々の歯車が見える「外装式」がある。

この2つの変速機、大いに性格が異なっている。詳しくは96ページ。

ベル。最近はグリップを回して鳴らすタイプが多い

バッテリー

## バッテリー

一般の自転車と一番扱いが違う部分が、このバッテリーについてだ。ここに関しては安全性のみならず、お財布の部分に密接に結びつくのでかなり詳しく書いた。105ページからを参照のこと。

## ベル

ベルは、自転車に必ず装着しなくてはならないアイテムのひとつで、法律上「警音器」といい、装備義務がうたわれている。

カネをチリーンとハンマーで鳴らす単式タイプ、チリチリチリと「わん」の中でアームを動かして複数回打ち鳴らすタイプ、パフパフパフォーンのホーンタイプなどさまざまだけど(電アシ自転車はグリップを回して複数回鳴らすタイプが多い)、ぜんぶまとめて警音器である。

実はこの警音器という言葉、法律上は、自転車のベルの種類どころか、クルマのクラクション、オートバイのホーンなど、みな一緒くた、同じなのだ。音量にこんなに差があっても、基本的に区別なし。

で、基本的に次の2つの場合しか鳴らしてはならないとされている。

❶ 道路標識等で「警音器を鳴らしなさい」と指定されている場合
❷ 危険を防止するためやむを得ない場合

この2つだけだ。

前者❶の標識とは、図の青い標識（次ページ）のことで、山奥のワインディングロードなどで見かけることが多い。

こんなところでチリリンと鳴らしたところで、誰も気づかないだろうなぁと思われるんだけど、まあ、法律にはそう定められている、ということだ。

本来は街中であっても「見通しのきかない交差点、道路の曲がり角」などにこの標識が存在することもあるというのだが、筆者ヒキタ、47都道府県すべてを自転車で走りながら、寡聞にして聞いたことも見たこともない。

後者❷については、どうしても危険でやむを得ない場合、すなわち、自分の右横から、クルマが左折のために寄ってきたとか、こちらの存在を認識せずに幅寄せしてきたとか、そういう場合のことだ。

そんな時に鳴らしても、相手に聞こえるかなぁというのもあるが、それはそれで別問題。法律上は、ここではじめてベルの出番ということになっているのだ。うわ、危ない！　さあ、出番だ、満を持して、チリーン！　なのである。

ま、当然ながら、実際には「危なーい！」「こらー！」とか叫んだ方がいいと思う。

その逆に、回避できるような危険の場合に、ベルを鳴らしてはならない。たとえば、自分が歩道上にいて、前方の歩行者に対して「どいてどいて、チリチリ」なんて行為は、そのまま立派な道交法違反なのである。ちなみに2万円以下の罰金。

歩道に歩行者がいて、危険だと思ったら、自分の方が停まること。そうでなく

「警笛鳴らせ」の道路標識

ともスピードを落とすことだ。歩行者を蹴散らすような行為は厳に慎むべきである。

要するに、自転車乗車中にベルを鳴らす機会など、ほぼないと思った方がいい。特に歩道上で鳴らさなくてはならない場面なんて皆無だ。歩道上の「自転車VS歩行者」は、ほぼ100%自転車が悪い！となる。なんとなれば自転車はあくまで「歩道を通らせてもらっている立場」だから。ベルをチリチリ、歩行者ドケドケ、など論外なのだ。

また、法律のことはおいといても、私自身、決してベルなど鳴らさない。歩行者をパスする場合、または自転車同士でも、基本は「声かけ」だと思っている。

「すいませーん、通りまーす」

それだけで、お互いに気持ちがいいし、ベルより手軽で、交通だけでなく意思疎通も円滑になる。

だいいち自分が歩行者の立場だったらということを考えても分かるではないか。

**参考**　警音器の使用等

第五十四条　車両等（自転車以外の軽車両を除く。以下この条において同じ。）の運転者は、次の各号に掲げる場合においては、警音器を鳴らさなければならない。

一　左右の見とおしのきかない交差点、見とおしのきかない道路のまがりかど又は見とおしのきかない上り坂の頂上で道路標識等により指定された場所を通行しようとするとき

二　山地部の道路その他曲折が多い道路について道路標識等により指定された区間における左右の見とおしのきかない交差点、見とおしのきかない道路のまがりかど又は見とおしのきかない上り坂の頂上を通行しようとするとき。

チェーン

2 車両等の運転者は、法令の規定により警音器を鳴らさなければならないこととされている場合を除き、警音器を鳴らしてはならない。ただし、危険を防止するためやむを得ないときは、この限りでない。

## チェーン

ママチャリ系のユーザーは、あまりチェーンのことを考えたことなどないと思う。ま、地味なパーツだし、ものによっての差異などなさそうだし、そもそも普段、直接、目にしたりしない。チェーンカバーで覆われているからだ。関心が向かないのも当然である。

ところが、実は重要部品なのであります。

あと、チェーンは消耗品であります。

使用に応じて潤滑スプレーを吹いたり、汚くなったら雑巾で拭ったり、と、メンテは色々あるけれど（メンテ自体は大推奨です）、2年に1度くらい交換すると、自転車の乗り味が圧倒的に変わる。

チェーン、ちょっと考えてみればすぐ分かるけど、非常に力のかかる部品で、そのまま放っておくと、（目には見えないけれど）少しずつのびてくるのだ。のびてくると、少しずつ前後の歯車と合わなくなってきて、漕ぎがしゃっきりしなくなる。常に力の逃げが生じてしまうようになる。

これを交換すると、本気で「あれ？」と思うほど、乗った感触がよくなるのだ。なんだか新車の時の感覚がよみがえってくる。

ただし、ここで注意が必要なのは「では、チェーン切り（刃物ではなくコマを外す道具）で切って交換しましょうか」ということが、非常にしにくいことだ。

実は電アシ自転車、普通の自転車とチェーンの規格が違う。また、チェーンケースを外してみると分かるけど、駆動モーターが直接チェーンを回しているために、チェーンに脚力以外のテンションをかける必要もある。ここはもうプロに任せた方がいい。

ショップに「そろそろチェーン交換してちょ」と持ち込もう。定期点検などを兼ねてチェーンを交換してもらえば、ＴＳマーク（自転車保険）ももれなくついてくる。

## フェンダー（ドロヨケ）

カッコよくいうとフェンダー。

以前は「ドロヨケ」と呼んだ。もちろん「泥よけ」の意味であります。でも、今となっては、この日本に泥がはねるような道はほぼないわけで、品名が現実に即してない。

ロードバイクやマウンテンバイクなど、スポーツ自転車の場合は、フェンダーは装着されていないものがほとんどだ。見た目の問題（自転車はシンプルな方がカッコいい）と、重量の問題（自転車は軽い方が高性能）からである。

また、フェンダーはどうしても、装着するための針金（と呼ぶべきか）に何かのはずみで歪みが生じ、一度そうなると、乗るたびにカチャカチャ異音が出たりして、じつに不快、なんてこともある。自転車はやはり「音もなく走る」という状態が理想だから。
以前はランドナーやスポルティフなどの車種があって（一般的にはサイクリング自転車といった）それらの車種はフェンダー装着が標準だった。

だけど、考えてみれば、それらが流行ったのは高度成長期である。まだ国中に「産業道路」とかあって、それがいちいち砂利道や、あるいはロードローラーで固められた泥道であり、雨が降ったら水たまりができるような状態だった。

だから、スポーツ自転車といえど、当時の自転車にはフェンダーがあったし、今はないのだ。

ただし「雨の日は乗らなくて済むスポーツ自転車」と「雨の日にも乗らなくてはならない日常自転車」の間には大きな差がある。

フェンダーの有無で、雨の日の快適さはまるで違ってくる。特に後輪。フェンダーがなくては、雨の日、水ハネが頭から背中まで大いにかかってしまう。これはもう、どうにも避けることができないのだ。また前輪にしても、靴先から靴下、ズボンの裾に水がはねてしまって、これまた不愉快。雨が降っていなくても、路面が濡れてる場合は同じで、フェンダー付きの〝勝ち〟だ。

ママチャリ系、特に電アシ付きの場合、フェンダーは必須だろう。そもそも標準のフェンダーを外すことに意味がない。見た目もそのままフェンダー付きの形で完成されているし、フェンダー装着による重量増にしても、モーターがアシストしてくれるから問題にならない。

私としては、雨、雨上がり、またはこれから雨かな？　なんて時、もはやロードバイクには乗らない。フェンダー付きの電アシ子乗せ自転車で快適に（？）

フェンダー(ドロヨケ)

ハブ

GOなのだ。

雨天時の走行については、121ページを参照のこと。

## ハブ

すでにちらちら既出の言葉なんだけど、車輪の中心部であります。車輪の外周(リム)と、中心部を繋ぐスポークが集中する格好が、放射状に見えるために「交通結節点」をもこう呼ぶ。つまりは「ハブ空港」の語源であります。

このハブ、ロードバイクなんかと比べてみると分かるけど、電アシ子乗せ自転車の場合、おおむね太い。

なぜならば、前輪ハブには回生ブレーキや前輪モーターが入っていることがあるし、後輪ハブは内装変速機入りのことが多いからだ。

しかし、考えてみれば、自転車エネルギーが集中する2点、前輪ハブと後輪ハブに「しからば、そのエネルギーを活かそう」とする機械が入るのは必然であって、今後もハブは太くなり続けていくのであろう。

**簡単メンテナンス**

月に一度、いや、2ヵ月に一度「メンテナンス」をしてみることをオススメしたい。とはいっても肩肘張らないでいただきたい。メンテとはいっても、話は簡単だ。

ポイントは3つ。

❶に「空気ポンプ」、❷に「ネジの増し締め」、❸に「潤滑スプレー」だ。

インフレーター

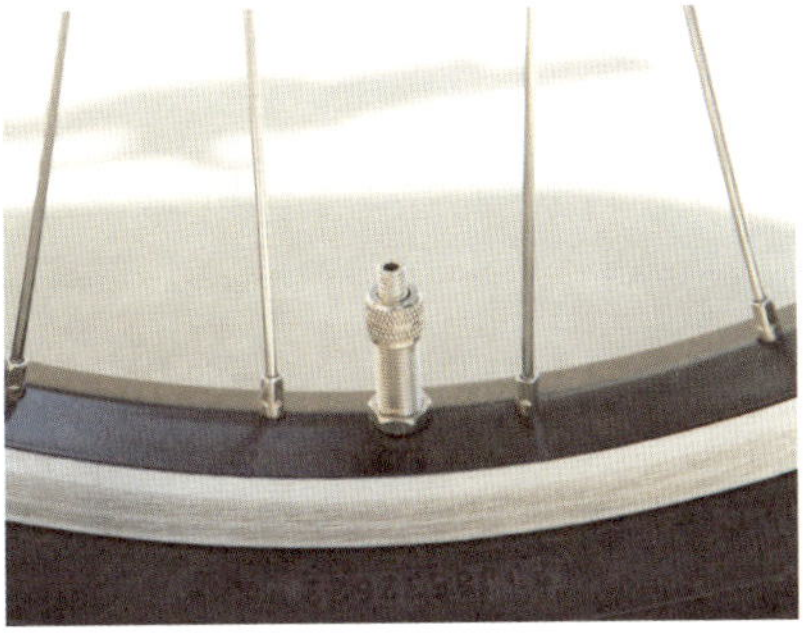
英式バルブ

全部あわせて15分で終わる。でも、その15分が重要で、この時間をナイガシロにすると、自転車そのものの寿命が15ヵ月短くなると言われている。言われておらんかもしれん。

でも、自らの（または子どもたちの）生命を乗っけて走る自転車。メンテによって事故を未然に防ぐことができるし、何より乗ってて気持ちいい。愛着だってわいてくるってもんだ。

ここはひとつずつやってみよう。なに、60日のうち15分程度。どこからでもひねり出せるはず。

## ❶タイヤに空気を入れよう

タイヤに空気を入れる意味は49ページ参照のこと。簡単にいうとペダルが軽くなるし、バッテリーが消耗しにくくなるし、パンクしにくくなるし、と、イイコトばかりです。

で、ここではバルブの話。

自転車タイヤのバルブは大まかに分けて3つある。ママチャリ系は大抵「英式」（上右写真）が使われるし、ロード系のスポーツバイクは「仏式」で、MTB系は「米式」だ。それぞれ口金が違うんで、ショップで空気入れを借りる際には「どれですか？」と聞いてみよう。買う場合はもっと注意だ。

日本の自転車の歴史は「イギリスから自転車を輸入する」ということからスタートしているんで、英式バルブが主流になったのだけど、空気の出し入れの簡単さ、高気圧に強いこと、など、仏式バルブの方が優れている部分が多く、ロードバイクなど、ほとんどのスポーツ自転車はこちらになってしまった。

ちなみに米式は「空気が抜けにくい」のが大きなメリットで、これに加えてオートバイの口金と同じなので、ガソリンスタンドでエアが入れられるというメリットもある。

空気入れ、自転車マニアはよく「インフレーター」（前ページ左写真）と呼ぶ。インフレート、すなわち「膨らませる」という意味だ。

## ❷ネジの増し締め

自転車に乗ってある程度の時間が過ぎると、少しずつ各部のネジが緩んでくる。これはあらゆる工業製品に共通することなんだけど、このまま放っておいては「ある日突然、当該の部品がぽろりと落ちる」なんてことになりかねない。

そうでなくとも、ネジが緩んでいると、段差などを乗りこえるたびに、カチャカチャと異音が出て不愉快だ。これを消すために、ネジを増し締めするわけだ。

最初に前輪を5センチ程度、次に後輪を5センチ程度持ち上げてみて、地面に落としてみるといい（両方いっぺんには重くてできない）。

すると、カチカチ、カチャカチャ、チャンチャン、などと、異音が出る部分がある。そこがネジの緩んだ部分だ。そこをドライバーで増し締め。

工具はサイズが一致するものを使うこと。

となると、一応の工具を揃えなくてはならない、という話になってくるけれど、そんなのはプロに任せていればよろしい。

日々のメンテは、いわゆる「ハンディツール」で十分だ。

ハンディツールとは、いわゆる「五徳ナイフ」のような道具で、ナイフの代わりに、六角レンチやプラスドライバーなどが数本折りたたまれている。

これを一本持っておくと重宝するはずだ。

2〜8ミリの六角レンチ（アーレンキー）と、プラスドライバーを中心とした8〜10本程度があればOK。あまりゴテゴテと色々なものが付いているのは必要ない。

買う際には、いちおう聞いたことのあるメーカーが作った「ちょっと高級」なものを選ぶこと。

工具に関しては激安ものはあまりオススメできない。レンチやドライバーの精度の差で、付属のネジ、ひいては大切な自転車を壊してしまうことだってあり得るのだから。

8本もののハンディツールで2000円台後半（もしくはそれ以上）というところが想定価格である。

### ❸潤滑スプレーを吹こう

潤滑スプレーが必要なのは、ひとえにチェーン、あとは「蝶番《ちょうつがい》部分」、そして、サビどめとして鉄製ネジだ。

自転車には潤滑油を注していい部分と、そうでない部分があるから、ここは注

ハンディツール

潤滑スプレー各種

意であります。

チェーンは、ちょっと見て「乾いてきたかな」という感じになった時に、湿らせる程度に吹いておくという感じだろうか。

ホームセンターなどで売っている、激安の「クレ5-56」の手合いの「万能〝汚れ落とし＋潤滑油〟」でも悪くはないが、こういう揮発性のケミカル製品（最近は油ではなくシリコンなどの化学物質を使うようになったのでこう呼ぶようになった）は、すぐに乾いてしまうため、できれば「潤滑油専用」のものを使用したい。同メーカーでいうと「チェーンルブ」シリーズなどがそれにあたる。

もちろん自転車を得意とするメーカーの、ワコーズや、フィニッシュラインなどなら、なおＯＫ。

共通して言えるのは、吹いた後に、雑巾などで余分な油を拭っておくことだ。「油つけ過ぎ」状態だと、ホコリや砂を吸い付けるし、すぐに汚れるしで、ロクなことはない。

さて、問題は潤滑スプレーを吹いてはならない場所だ。

これ、結構たくさんある。

1つ目は「内部にグリスを封入してベアリングボールが回っている部分」だ。ハンドル軸、ペダルの付け根、ＢＢ（ボトムブラケット）、ハブ、内装変速機、と、非常に多い。こういうところに潤滑スプレーを吹くと、グリスが溶けて流れ出してしまうことがある。せっかくメンテをしようとしているのにこれでは本末転倒だ。

2つ目は「滑ると安全を損ねる部分」である。

潤滑スプレーを吹いてはならない場所。右上から時計回りにハンドル軸、ペダルの付け根、ハブ、ブレーキのシューとリム、内装変速機、BB（ボトムブラケット）

これはブレーキまわりのことだ。

シューと、ホイールのリムには絶対に吹いてはならない。ここが滑るとブレーキが利かなくなる。もちろんディスクブレーキなんかの場合は、ディスクブレード、ブレーキパッドなどがこれにあたるし、ローラーブレーキなどにも吹いてはならない。

ただし、リムブレーキの蝶番部分、つまり左右のアームの結節点だけには、少量の潤滑スプレーはありだ。ブレーキがとたんに軽くなる。ここはお試しあれ。

さて、以上の3点にもうひとつだけ加えるとするなら「雑巾で拭くこと」だろう。家で絞って外に持ってきて、それで自転車を磨く。よく見ると、いろいろなところにホコリや砂などがたまってる。そのいちいちを（そんなに丁寧でなくても構わない）雑巾で拭《ぬぐ》っていくと、新品の頃の光沢が甦ってくる。と同時に「おや、ここに傷が」「ここはちょっと歪んでるぞ」なんてことが自然に分かってくる。分かったなら「傷ならタッチアップでサビを防ぐ」「歪みなら手で力を入れて元に戻す、そうでなければショップへ」などと対処ができる。後になって気づくよりも、初期に手当てしておくと、色んな意味で話は軽微で済む。人間の病気と同じだ。早期発見あるのみなのだ。

雑巾で拭いて、きれいになった愛車を愛でていると、自転車への愛情だって甦る。保育園や職場に行くにもいつも一緒だ、また一緒に○○に行こうな、という気になってくる。

そうなるとしめたもので、そういう自転車に乗っている人は事故を起こさない。

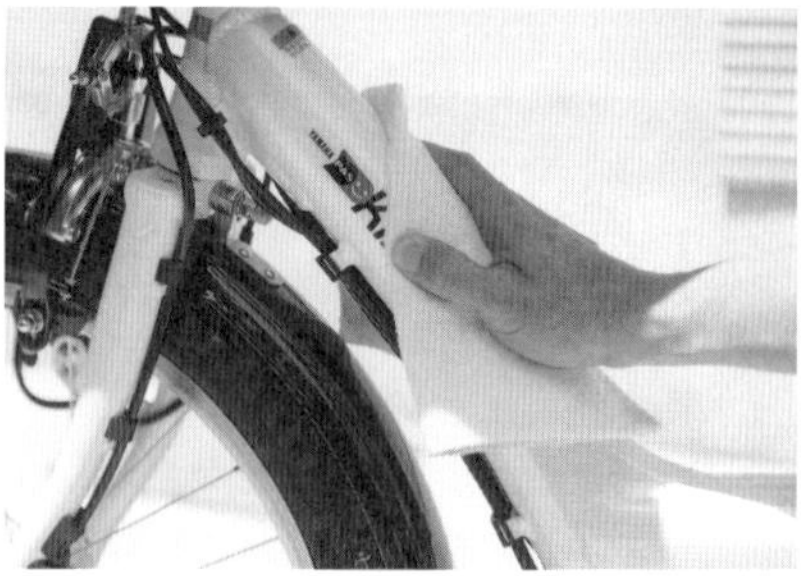

雑巾で拭くことが自転車に対する気遣い、交通への気遣いを生む

自転車に対する気遣いが、いつしか、交通全体への気遣いへと化けるからだ。

これ、けっこうホントよ。

## 「自転車」というものに共通のコツ（のようなもの）

電アシ自転車であろうがなかろうが、自転車というものには共通する「コツのようなもの」がある。

自転車に多少慣れた人には「何を当たり前のことを」かもしれないけれど、ここではそのあたりを解説していこう。多くの日本の自転車乗り（特にママさんたち）にとって、あれま、ずいぶん変わるわね、ということが往々にしてあったりするもので。

この日本の「自転車という存在」は、あまりに身近過ぎて、普段、ことさらに意識されないものだからね。

### タイヤに空気を

タイヤに空気を入れよう。

というと、何を今さら当たり前のことを、と感じられるかもしれないけれど、実際にスーパーの駐輪場なんかで見てみると、けっこうタイヤが「ブワンブワン」のまま乗ってる人が多いのだ。

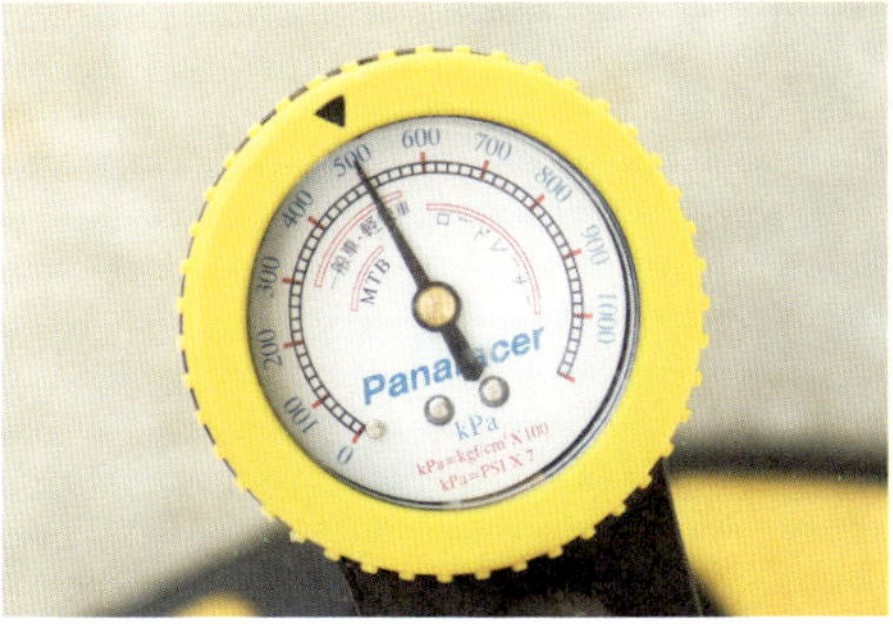

5気圧前後を指すゲージ

これは非常に効率が悪くてね。効率が悪いだけじゃなくてパンクする率も高まってしまう。

私などが推奨するのは、タイヤは「パンパン」に空気を入れること、いや、パンパンどころじゃないな、カチカチになるまで入れる。これが極意だ。

空気圧でいうなら、だいたい5気圧前後。

なに、入れ過ぎ？　たしかにタイヤ横には推奨空気圧3・5〜4気圧なんて書いてあるけど、いや、それよりもちょいと高めに入れた方が色々とメリットはでかい。

電アシ子乗せママチャリなどが履いているタイヤ&チューブは耐久性も高いから大丈夫。5気圧入れたところでなんの問題もない。だいたいロードバイクなんかは9気圧以上も入ってるんだよ。

タイヤに空気をパンパン（いやカチカチ）に入れると、何がいいか。

一つ目は、走りが軽くスムーズになることだ。

タイヤに空気を入れ、接地面積が少なくなると、転がり抵抗が非常に少なくなる。つまりはペダルを踏んでいて楽になる。スピードが出るようになる。当然ながらこれは非常にメリットが大きくて、まずは乗ってる本人が楽。さらにはバッテリーも長持ちするようになる。

乗り心地は多少カタくはなるけれど、まあ、好みの範囲内だ。私なんかに言わせると、カタい方がむしろ好みで、路上の感触がダイレクトに感じられて、自転車に乗ってるぞ、という気になれる。

2つ目は、パンクが激減することだ。

パンクの一番の原因とも言える「リム打ち」

パンクというと、何か折れ釘とか硝子の破片みたいな、路上の異物を踏んでしまって、ゴムが破れるのが原因、みたいなイメージがあるけれど、じつのところは、さに非ず。

高度成長期じゃあるまいし、現代ニッポンの路上には折れ釘や硝子なんて転がってません。みんな夜中に清掃車がキレイにしちゃってる。

実は「現代パンク」の一番の原因は「リム打ち」というヤツだ。

リム打ちとは何かというと、自転車が何かの段差を乗りこえる際「路面の段差」と「リム（車輪の金属のわっか）」の間にタイヤが挟まれてしまうことだ。その結果、タイヤの中のチューブに穴があいてしまう。

これが「現代パンク」の原因のほぼすべてであると言い切ってしまっても過言じゃない（若干過言）。

少なくとも私ヒキタの感触でいうと、全パンクの過半数は占めている。

で、このリム打ち、なぜ起きるかというならば「タイヤ（チューブ）に空気が入っていないから」なのだ。空気が入っていなくてブワンブワンだからこそ、段差とリムの間にゴム部分が挟まれてしまう。

これがパンパンまたはカチカチならば、段差とリムとの間に必ず空気の層が存在するため、リムは「打たない」。上写真は「良い例」だ。

その結果、パンクは半減する。

これは本当です。

特に電アシ自転車は重いから、タイヤに空気が入っていないと、リム打ちをしやすいのだ。

タイヤの空気はどうしたって、毎日少しずつ抜けていくものだから、1ヵ月に1度程度、必ず空気を入れてみるといい。

だからして、空気入れ（インフレーター）は、割合必需品だと思うぞ。携帯用ではなく、地面に立てて使うフロアポンプ型がオススメだ。大丈夫、安いから。ホームセンターで1000円程度で売ってます。

## ペダルを踏む場所はどこか?

ペダルの踏み方にしても、実はちょっとしたコツがある。

まずペダルは「拇指球」（次ページ写真）で踏むのだ。

拇指球？　何かというと、足の親指の付け根のちょいと下、なんといいますかちょっと膨らんだ部分があるでしょ。そこが拇指球。分かりやすく言うと、親指と土踏まずの間の部分だ。

ここにペダルをあてて踏む。これがペダルを踏む際の1つ目の極意だ。特に女性の場合は、ハイヒールとかの靴を履きがちということもあって、ペダルを土踏まずで踏むことが多いんだけど（ママチャリ女子を見ていると、本気でじつに多い）、それじゃ何だか気持ちが悪いし、脚力だって十全にペダルに伝わらない。

もうひとつの極意が、足首の角度であります。

足首が常にくにゃくにゃ動いていると、これまたエネルギー伝達の効率が悪くなる。足首は固定、なおかつ「前下」で「後上」とする。つまり常にかかとが爪先よりも高いところにあるという形だ。

足首の角度はかかとがつま先よりも高いことを意識。この写真はちょっと大げさですが

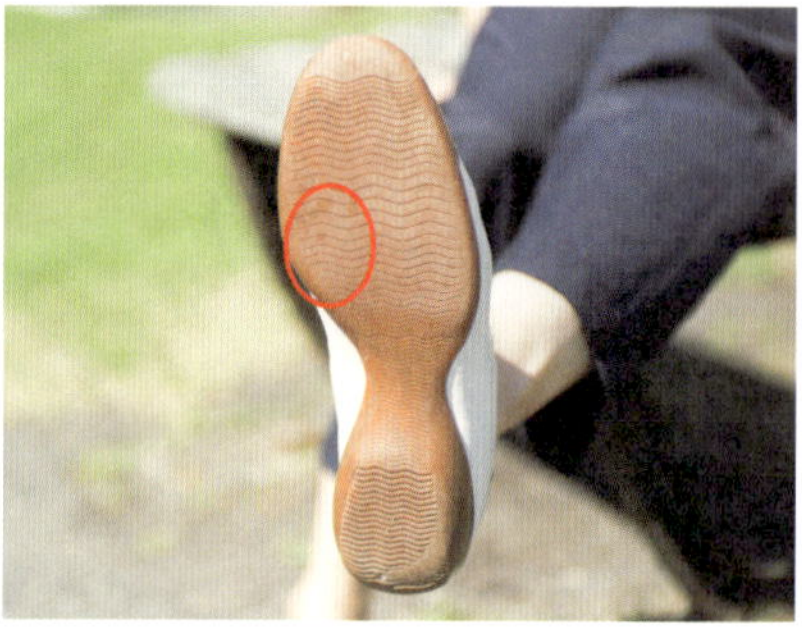

拇指球の部分で踏む

乗り手の感覚を多少大げさにいうと「爪先で前方のアスファルトを掘るように」ペダルを踏むという感じに近い。

慣れてくると「これこそが楽」という感じになります。騙されたと思って是非やってみて下さい。

## ワイヤー錠を用意しよう

昨今の電アシ子乗せ自転車には、割合しっかりしたカギが付属している。後輪を挟み込む円形のカギで、以前と違うのは、キー自体が「ディンプルキー」と呼ばれるものになったことだ。

大小いくつものくぼみがあって、いわゆる「ピッキング」されにくいタイプとされる。

ま、最近は「ディンプルキーでも、開けられてしまう」と言われ、こういうのはもう泥棒とカギメーカーのいたちごっこではあるんだけど、かつての自転車キーに比べればマシもマシ。なにしろ以前のバネ式&ブリキ打ち抜き型のヤツは、ヘアピン一発、慣れた人は1分かからず開けてたというんだからね。

現在のカギはそんなことはありません。

ロードバイクに乗る人に推奨するのは、街路樹巻き付け型というか、ワイヤー錠であります。しかも複数かけること。

しかし、電アシ子乗せ自転車は、そういうのは要らない。付属のカギで十分だ。なぜなら電アシ子乗せ自転車は重いから。

ワイヤー錠は子乗せあたりに引っかけておくと便利

ロードバイクは10キロないから〝地球ロック（フェンスや電柱など、地面から移動できないものに括《くく》りつけること）〟しないとホイホイ持って行かれてしまうけど、電アシ子乗せ自転車はね、35キロもあるから。ホイホイというわけにはいかない。それでも「細目の（ついでに軽い）ワイヤー錠」をハンドルかリアの子乗せあたりに常に引っかけておくと、これが便利なのだ。

一番の便利は、子ども用ヘルメットと、自分用のヘルメットをまとめて自転車に括りつけておけること。これはメリット大きいよ。

あんなヘルメットを手にいくつもぶら下げてスーパー内を歩きたくない。でも、自転車の子乗せにそのまま置いておくと、時々（残念なことに）盗まれるのだ。私の経験上、盗まれるのは、ほとんどの場合、自分用、すなわち大人用だが、ま、用心に越したことはない。で、大人用も子ども用もまとめてワイヤー錠。

これ以外にもちょっとした荷物（貴重品は入ってないけど盗まれたらイヤだなぁ程度）をくるんとまとめて自転車に括りつけておくこともできる。

意外に便利、なおかつ意外に安い。ディスカウントDIY店なんかでは1000円以下で買える。オススメです。

## 一人っ子はどちらに乗せようか

電アシにかぎらず、子乗せ自転車には、子どもを乗せるべきスペースが2つある。もちろんフロントかリアか、だ。

では、乗せるべき子どもがひとりの場合、どちらに乗せますか？　もちろん後？　うん、なかなか「分かってる！」という感じの返事だ。

前の方がいい？　実はこれまた「分かった返事」である。

実はこれ、どっちとも言い切れない。それぞれにメリットとデメリット、というより、フロントとリアに「個性」があるからだ。

まずはリア、つまり後席子乗せから。

ワールドスタンダード、つまり世界的な常識はこちらだ。

実際に欧州諸国などでは、後に引きずるトレーラーもそうだけど、子どもは後ろに乗せるというのが常識で、前カゴに子どもが乗っている例はほとんど見られない（三輪カーゴバイクなどを除く）。

それが日本では違うのはなぜか？　ともあれ〝一般的にいわれる〟リア子乗せのメリットとデメリットを見ていこう。次の通りだ。

**リアのメリット**

- 前に乗せるより安定している
- 子どもが多少大きくなっても対応できる
- もしも前から突っ込むような事故になった時、子どもが後ろにいた方が安全

これに対してデメリットは次の通り。

**リアのデメリット**

- 子どもが見えない

・左右から落ちやすい
・もしも後ろから突っ込まれるような事故に遭った時、大変なことになる

ま、おおむね想像の通りだ。
これに対して、フロント子乗せは大まかなところ、リアの子乗せをひっくり返した感じになる。

**フロントのメリット**

・子どもが常に見える
・子どもが落ちるということが考えにくい
・もしも後ろから突っ込まれるような事故に遭った時、子どもが前にいた方が安全

**フロントのデメリット**

・後ろに乗せるより安定していない（ハンドルが取られる）
・子どもが大きくなると対応できない
・もしも前から突っ込むような事故になった時、大変なことになる

これまたご想像通りだろう。
ただし、これ、本当だろうか？

リアに子乗せ

フロントに子乗せ

## フロントとリアについての大いなる誤解

前節をおおまかにまとめるなら、こうなる。

前の方が「子どもが見えて安心だけど、安定性に欠けて危険は多い」、後ろの方が「一見不安だけど、安定していて安全」。

ふむ、なんとなくそのような気がするけれど、現実はちょいと違うのだ。

荷物をたくさん載っけて世界中（または日本中）をめぐりめぐる「ランドナー（キャンピング）」という種類の自転車があるんだけれど、そこまでヘヴィな旅行をしない場合、サイドバッグを4つから2つに減らすことがある。

その場合、そのサイドバッグはどこに付けるか。

正解は「前輪横」なのですよ。こちらの方がはるかに安定するから。

もうひとつ質問。自転車の前輪と後輪、どちらの方がタイヤの劣化は激しいでしょう。

こちらの正解は「断然、後輪」であります。

その理由は、自転車というもの、ライダーの体重が必ず後輪に多くかかるからというところにある。サドルの位置を考えると当たり前ですね。

ということは、重量の配分上（重量配分の理想は前後50対50）重いものはフロントに載せた方がいいということになる。

実はその通りなのだ。

先のランドナーのサイドバッグ話でいうなら、前輪横に付けた方が、ハンドリングも安定するし、直進安定性も増す。

フロント子乗せは進化した

一番ものをいうのは上り坂だ。

フロントの逆、すなわちリアに重量物を載っけていると、上り坂に入った時（一番なのは上り坂でのスタート時）極端な話、前輪が浮いてしまう。ウィリー状態になってしまうのだ。

そこまでいかずとも、自転車の安定性は大いに損なわれることは分かると思う。ライダーの体重と荷物など、重量物がみな後輪にかかってくるからだ。

重量物はでき得ればフロントに。

実はこれが自転車のテーゼなのである。

## フロント子乗せは進化した

でも、フロントに子どもを乗せるとハンドルを取られて危険じゃないかしら。

さよう。かつてはそうだった。

フロント子乗せは必ずハンドルに引っかける形だったから。

子どもが「ママ（あるいはパパ）？」と言って、振り返る。そのたびにハンドルが取られたものだ。子どもが寝てしまって、かっくんと首を落とす。そのたびにハンドルが取られたのだ。

ところが、今や話は違う。

ハンドル軸の真上に子どもの尻が来る形、画期的な「ふらっか〜ず」方式（後述・78ページから参照）が当たり前になった今、滅多なことでハンドルが取られたりはしない。

となると、フロント子乗せのメリットばかりが生きてくるということになる。

唐突ではあるが、こんなことを思い出す。

平成の最初の年、手塚治虫さんが亡くなった。

私はその訃報を聞いた時、自転車に乗って東京から宮崎まで向かっていた。まさに自転車ツーリング中だったんだけど、広島あたりで朝日新聞の一面にてそれを読み、驚愕し、慨嘆し、悲嘆に暮れ、なおかつ、ちょっと感動したことがあった。

たしかコラム「天声人語」だったと思う。

こんな風に始まる。

「日本の地下鉄や通勤電車で大の大人が漫画雑誌を一心不乱に読んでいるのをみて、外国人たちは『日本人たちはなんて子どもっぽいんだ』と思うそうだ」

ああ、いつものように、また朝日の啓蒙主義か、と思った。ところが、その後の展開がまったく違っていたのだ。

「そう思う国々の人と、日本との違いは、かの国々には、手塚治虫という人物がいなかったということではないか……」

あれから四半世紀以上経った今でも憶えているんだから、若い頃の私、ずいぶん感動したんだなと思う。

で、私は日本ママチャリの子乗せに関して、この「天声人語」を思い出すのだ。

欧米の人々は日本の子乗せママチャリを見ていう。「日本人たちはなんて危険なことをしているんだ。子どもが心配じゃないのか」と。

私はこういう。

「そう思う国の人々と、日本との違いは、かの国々には『ふらっか〜ず』がなかったということではないか……」

ハンドル軸の真上に子どもを乗せる「ふらっか〜ず」方式は本当に安定している。フラつくどころか、適度に重いハンドルが直進安定性を担保してくれていたりする。

この形式があるならば「子どもはフロント」に意味が出てくる。子どもが見える。彼らの不規則な動きに対処できる。数々のメリットがそのまま生きることになる。一見危なげなフロント子乗せだが、現代ははるかに「安全」なのである
というわけで、私は「どちらでもＯＫです」と思うものの、個人としては（特に子どもが小さければ小さいほど）フロントを選ぶ。このあたり「好みの問題」といえば好みの問題なんだけど、フロント選択は決して間違いじゃない。

ご同輩、ご安心めされい。

第二章

# 電アシ自転車、立ち位置はどこにある？

日本の電動アシスト自転車は、実は法律でがんじがらめに縛られている。そこには日本の交通ならではの、奇妙な風習があるのだが、その風習に支えられて、電アシ自転車が発展したのも事実だ。その発展はあくまでガラパゴス的ではあるのだけど、ガラパゴスはガラパゴスなりに、納得できる水準以上にまで達し始めたというのが、今だ。

大手三社の電アシ自転車が、どれも似たようなフォルムをもち、どれも似たような性能なのは、偶然ではないのだ。

# 電動アシスト自転車とは何だろうか?

## 電アシ自転車には規定がある

基本的なことだが、ここでちょっと「日本の電アシ自転車」の定義を解説していこう。そもそも電動アシスト自転車とは何だろうか?

電気モーターが人力のアシストをしてくれる自転車? そう、その通りだ。だが「電動アシスト自転車」と「電動自転車」の違いは何だろう。

実はことはそんなに単純じゃない。日本においては「電動アシスト」に厳しいレギュレーションが存在しているからだ。時速何キロから何キロまではどうで、それ以上になるとどうで、というのが、事細かに設定されている。

このレギュレーションを守らなければ、電アシ自転車は「普通自転車」として認められない。

たとえば不用意に中国あたりから「電動自転車（〝フル電動自転車〟などとも呼ばれ、一度問題になったことがある）」を持ってきて一般公道を走ったりすると「道交法違反！」ということで検挙されてしまうのだ。

これは「極端な話」とかではなく、バレたら本気で逮捕されてしまう。

一時期、ハイパーメディアクリエイターを名乗る美人女優の元夫が、輸入しようとして痛い目にあったのが、この中国製電動自転車だった。

語に「アシスト」があるかないかで大違いなのだ。

## 「アシスト力」のレギュレーションとは？

電アシ自転車のレギュレーションとは、次のようなものだ。

初速は速い、というより力強い。時速0キロから10キロまでは人力1に対して、アシスト力は2である。

つまり自分の脚力の合計3倍が、ペダルにかかる計算となり、漕ぎ出しや上り坂を強力にサポートしてくれる。これは、ママチャリにありがちな「最初のふらつき」を軽減するという効用もあって、セッティングとして非常に納得できるところだ。

ところが、そのままのアシスト力は続かない。

自転車のスピードが徐々に上がって、時速10キロを超えたなら、そこから時速24キロまでじわじわとアシスト力は弱くなっていくのだ。

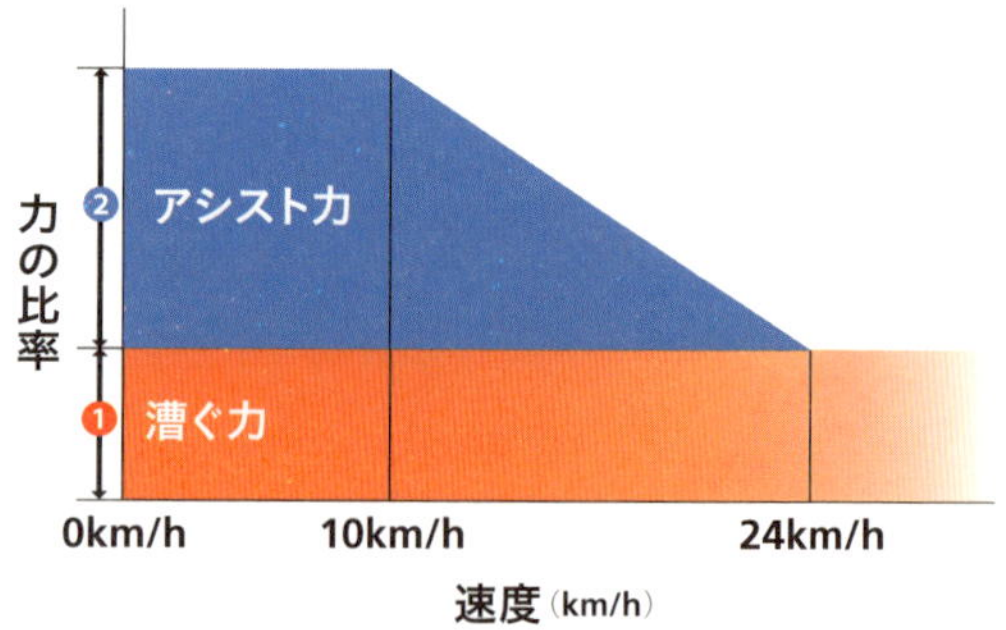


電動アシスト自転車における漕ぐ力とアシスト力の比率

上のグラフにある通り、大まかなところ、時速17キロあたりで人力対アシスト力は1対1となり、24キロでは完全にアシストゼロとなる。

これは実感としてもその通りで、たしかに時速17キロ前後に壁がある。これを超えて20キロ程度になると、格段にペダルが重くなってくる。

電アシ自転車は、そういうレギュレーションのなかで、「自転車という分」を守っているのである。分とは「分相応」の分だ。アクセル一発で、制限速度いっぱいまですぐに達するオートバイや原付バイクとそこが違う。

これに対して、海外の電動（アシスト）自転車は、たいていの場合、日本よりもレギュレーションが甘い。

たとえば、欧州の電アシ自転車は、一応EUの基準として最高時速25キロというものがあるものの、国によってさまざまだし、現実としてそれ以上のものが売られている。また、アメリカでは「時速32キロ以下しか出ないモーターなら、みんな自転車！」という大ざっぱさだ。

ある意味「電動自転車の最先進国」である中国などは、「アシスト」どころか、こうしたレギュレーションはほぼないに等しい。

詳しくは159ページを参照していただきたいが、彼らが乗っているのは、単に「電動ビークル」だ。それが良いのか悪いのか、今のところはまだ分からない。

私ヒキタとしては、ま、「ある種の圧倒」を感じたのは確かだけど。

## なぜ日本は厳しいのか?

ひるがえって日本。我が国だけがこのように厳しいレギュレーションで、電アシ自転車を縛っている理由ははっきりしている。

ひとえに日本だけが「自転車は歩道を通るもの」という慣習をもっているからである。そんなハイパワーの自転車が歩道にあっては困るのだ。

私などに言わせると、自転車が歩道を平気で通り（本当は道交法17条で、自転車は車道を通ることが定められている）、車道にはクルマだけが我が物顔に走っているという方がどうかしていると思うのだけど、とりあえず現実はそういうことになっている。

現に「電アシ自転車は、原付のスクーターより（それどころかすべてのオートバイの合計より）売れている」という現実の裏には、次のような声がある。

「だって、原付は車道を走らなくてはならないから怖いでしょ。電アシ自転車はあくまで自転車だから、免許も要らないし、歩道でOKなんだから」

ふむ、困った勘違いではある。

ただ、勘違いであろうがなかろうが、そう思う人が多いという現実は、やはり現実だ。

ということで「そのような存在である（つまり歩道の存在である）自転車というもののアシストに、ハイパワーを持たせることはできない」というのが警察庁の判断だったのだ。

だからこそ、世界のあらゆる国の中で、日本の電アシ自転車レギュレーションは最も厳しい。

実は本来もっと厳しかった。２００８年までは、最大のアシスト力でも人力との比率＝１対１までだったのだから。

## 昨今、緩んできた理由

だが、１対１では足りなかった。

これはヤマハなど、メーカーが実施した各種のアンケート調査などではっきりしているんだけど、ユーザーは「アシスト力不足」を訴えていた。

特に、全国にある「〇〇ヶ丘ニュータウン」の坂を登るのが困難だった。

実際に古い規制に準拠した電アシ自転車に、今、乗ってみると「おや？」と思うほど重い。またアシスト力に連続性がなく「古いな」と感じるはずだ。

昨今、そういったニュータウンの住民が一斉に高齢化したこと、そして、子育てのママたちからの、このままでは坂道が登れない、という声がいよいよ大きくなったことも理由となって、警察庁は新レギュレーションに踏み切ったのだ。

それが２００８年の12月。

最高速の時速24キロは変えずに、時速10キロまでの低速アシスト力を倍にした。

もしかしたら、今後、それ以上が必要になってくるかもしれないけれど、現状の「自転車＝歩道」の風習が続くかぎりは難しいと思う。

ただ、これは私ヒキタの私見ながら、今後、高齢化がますます進み、電アシ自転車が三輪（トライク）を採用し始めたとしたら、電アシの低速アシスト力はもっと必要になってくるのではないか、と考えている。トライクはバイク（二輪車）よりも走行抵抗が大きいからだ。より大きなアシスト力を与えなくてはなるまい。

このトライク、高齢化という現実を目の前にすると、「転倒しにくい」という圧倒的なアドバンテージが無視できない。特に前輪二輪、後輪一輪のトライクは悪くない。体力、判断力が衰え、クルマの運転も危険視されるようになったお年寄りには、電アシのトライクは大きな味方になるのではないか。

そして、そのトライクは適度の運動を与えてくれ、ボケ防止にも繋がり、高齢に達した後のＱＯＬ（クオリティ・オブ・ライフ）を確実に上げてくれると思うのだ。

## メーカーごとの味付けの差はある

さて、そういうレギュレーションの範疇内にいる日本の電アシ自転車ではあるけれど、各メーカーによって味付けに差があるというのも事実は事実だ。アシスト率1対2とはいっても、みながみな同じではない。またモデルによっても差がある。

乗ってみれば分かるが、たとえば日本の代表的なメーカーである、ヤマハとブリヂストンは、低速のアシスト力を重視したというテイストだ。だから、漕ぎ出しに力強さがあり、坂道に強い。そのかわり、バッテリーのもちは今ひとつ。

一方、パナソニックの場合は、長距離走れることを重視し、坂道などでは軽いギアでクルクル回すことを前提としている感がある。したがってアシスト力はマイルドだが、バッテリーのもちは最高だ。パナソニック（と、かつてのサンヨー）、モデルによっては、ここに回生ブレーキまで付けて、下り坂のエネルギーも吸収しようとしている。

こういうのは、それぞれのメーカーの個性であって、どれが良い、どれが悪い、というわけじゃない。普段使う場所の地形、使い方などから、自分自身判断すべきだろう。

いくつか選択肢があるのならば、試乗してみるといいと思う。ちゃんとしたショップなら、試乗にノーは言わないはずだから。

## 自転車の安全運転に関する法〝基本中の基本〟

自転車の安全運転に関しては、きちんと法律に定められている。なかでも分かり易いのは、警察庁による「自転車安全利用五則」というものだろう。

ひとことで言って、自転車ユーザーの基本心得は、この五則で「すべてＯＫ」「以上おしまい」というようなものなのだけど、ところが、この五則、ユーザーにキッチリ理解されているとは言い難く、「理解されている」どころか「知らない」人々があまりに多い。

ものすごく簡単な話なのだ。

簡単な話なのに、多くの自転車ユーザーは「自転車に乗ること」を、その簡単な五則よりもさらに簡単に考えていて、結果として、自転車は「車両」というよ

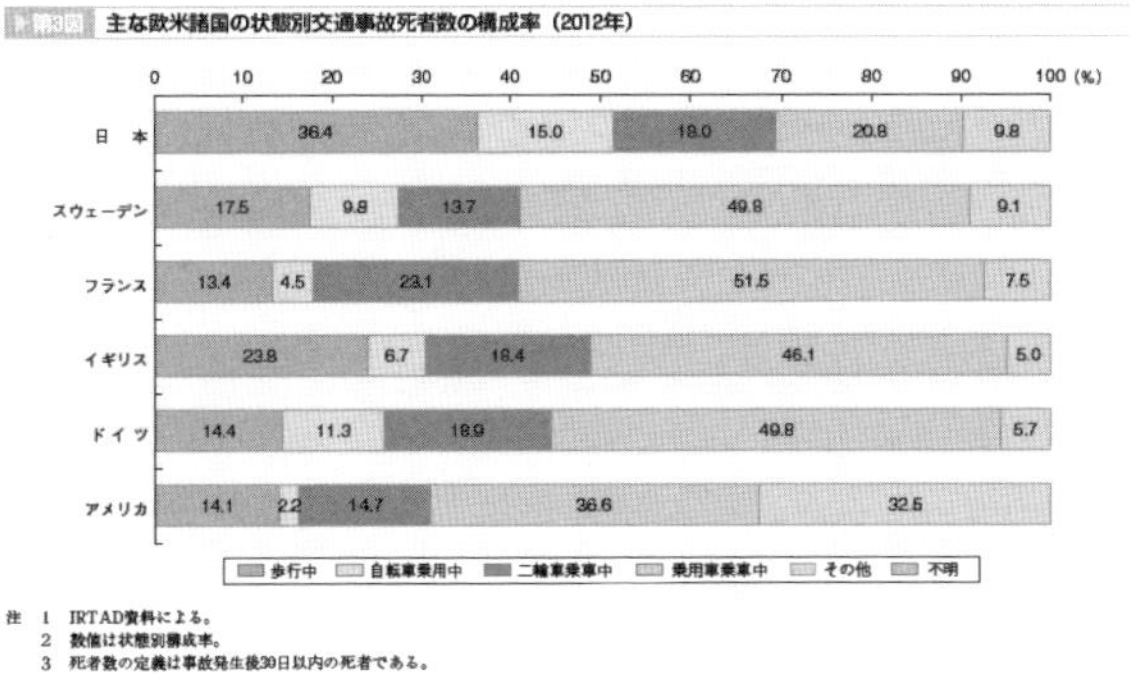


内閣府2012年統計。出典：内閣府ホームページ（http://www8.cao.go.jp/koutu/taisaku/h26kouhaku/zenbun/keikaku/sanko/sanko02.html#container）

りは「歩行者」に近いものと認識されることとなった。

これは日本の道交法が、昭和45年以降「自転車はなんとなく歩道（正確な条文は道交法の六十三条四項）」としてしまったことと無関係ではない。

困ったものでね。全国的にこんな慣習がはびこっているのは、少なくとも先進国では日本だけだ（ベルギーだけに例外あり）。で、その結果、日本の自転車事故の比率は先進国随一高いものになってしまった（上図参照）。ドイツなども高く見えるけど、日本に比べるとはるかに自転車を活用していることを考えなくてはならない。

残念なことながら、これは事実だ。それだけじゃない。この国において、自転車というものは、歩道車道も「どっちだっけ～?」、左右も「どっちでもいいじゃん～」、標識があっても「守んなくてもいいんじゃね～?」、雨が降ったら「傘させばいいんじゃん～?」と、まあ、本物のデタラメ状態に陥っている。

繰り返すが、困ったもんだ。

上のグラフの結果は、そういうことを総合的に表しているといえる。

こんなに遵法精神豊かな日本の国民性、息苦しいほど法で縛られたこの国において、不思議なことに、自転車だけはデタラメなのである。

私としては溜息しか出ないが、ただ、ルールを守れば安全は後からついてくる。これもひとつの事実だ。もしそれが「自分だけが守る」という状態であっても、効用は変わらない。

というわけで、法律がどうだから、世の中がどうだから、というわけじゃなく、自分の身を守るために、自転車ルールの「基礎中の基礎」程度はおさらいしてお

「自転車及び歩行者専用」の道路標識

自転車は車道を走るのが原則

こう。

　これは電アシのあるなしにかかわらず、自転車安全運転の鉄則である。これを守ることが自分自身の安全に繋がるものと考えていただきたい。

　ちなみに筆者ヒキタは道交法および安全利用五則を頑なに守ります。その結果というべきか、自転車ツーキニスト生活20年、これまでまったくの無事故であります。

## まずは自転車安全五則から

　まずはその自転車安全利用五則。どんな内容だろう。警察庁に聞いてみると、次のような内容だと返ってくる。五則のそれぞれを、私の注釈とともに見ていただきたい。

### 1 自転車は、車道が原則、歩道は例外

　まずはここからである。歩道と車道の区別があるところでは、自転車は車道通行が原則。しかし、次の3つの場合なら、例外として普通自転車は歩道を通行してもいいことになっている。

●道路標識などで認められている場合

　これは、上の図のように「自転車及び歩行者専用」の青い標識がある場合だ。

この標識がある場合は、すべての普通自転車が歩道を通ることが認められている。もちろん車道を走っても構わない。

●運転者が13歳未満の子どもや、70歳以上の高齢者、身体の不自由な方の場合
年齢に関しても規定があって、大まかなところ「免許更新の際に高齢者講習が必要な人（70歳以上）」と「小学生以下の児童と幼児（13歳未満）」は、歩道を通ることが認められている。

●道路工事や駐車車両などにより、車道の左側を通行することが困難な時や、車の通行量が非常に多く危険な場合
工事などの特殊事情などにより、あまりに車道が危険な場合が、これにあたる。ただ、危険かどうかを判定するのは、実は自転車に乗っている当人であり、そのあたり、曖昧と言わざるを得ない。ここが「歩道が自転車で溢れてしまった」要因のひとつとなっている。

ただし、3（後述）に出てくる通り、いずれの場合も歩道通行は「徐行運転」を守ること。あと歩行者をベルなどをチリチリ鳴らして蹴散らしてはなりませぬ。

## 2 車道は左側を通行

自転車はクルマと同じく左側通行。これこそが、鉄則中の鉄則だと私は考えて

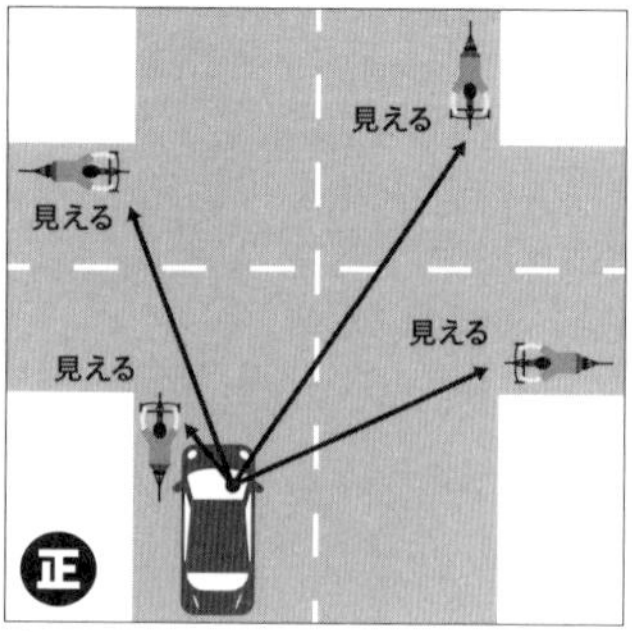

左側通行が正しく安全

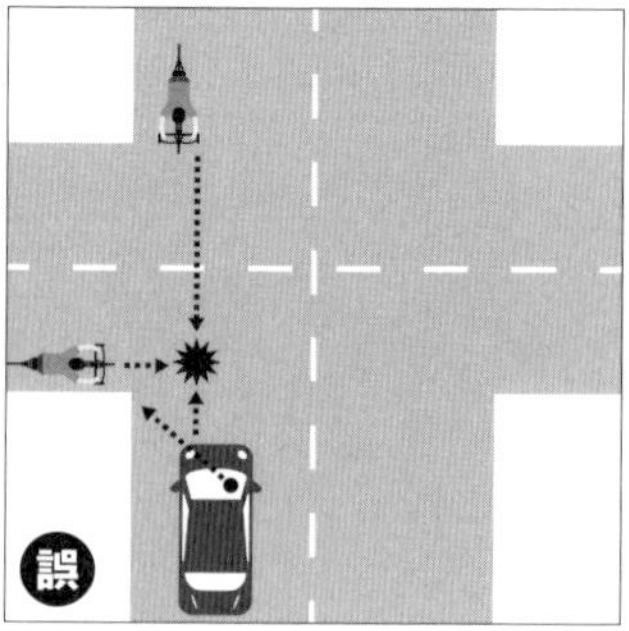

右側通行は命がけ

いる。「1車道原則」よりも「2左側通行」をまず第一に書いて欲しいくらいだ。なぜならば、右側通行の自転車というものは、正面衝突を誘発するだけでなく、出合い頭事故の元凶となるからだ。上の図にあるように、クルマは四つ角に入る際、右側通行の自転車が見えないのである。

極端な話、出合い頭事故は、右側通行をしていなければほぼ起きない。そしてその出合い頭事故こそが、すべての自転車死亡事故の過半数を占めているのだ。

ところが、たまらないことに学校の教師たちが「自転車は右側通行しましょうね」などと教えたりする。アタマの中に「自転車は歩行者の仲間」という間違った意識があるからだ。「自転車は歩行者の仲間だから、クルマは左、ヒトは右、ね。右側通行の方が正面からクルマが見えるから安心ね」なんてね。

その結果、日本の児童、生徒たちの自転車事故は、著しく多いということになった。中学生の死因ワーストワンは自転車事故という説すらある（高校生以上は自殺がワーストワン）。ものすごく由々しき問題である。

実は自転車というものが右も左もデタラメに走っているのは、世界中で日本だけである。すべての国において「自転車はクルマと順行走行」というのは自転車運転の基本中の基本なのだ。

あんなにエー加減に見えるオランダ（自転車最先進国のひとつ）の人たちも「自転車は右側通行！（日本とは逆ですね）」だけは絶対に守る。逆走こそが自転車事故の元ということを、誰もが知っているからだ。

もしも逆走してたりすると、見知らぬ人から、モノスゴイ勢いで怒られる。

私も20年近く前に経験済みだ。

## 3 歩道は歩行者優先で、車道寄りを徐行

道交法には「歩道を通行する場合は、車道寄りを、すぐ停止できる速度で徐行し、歩行者の通行を妨げてはならない」とある。当然である。歩道というものは、交通弱者を守るためのものであり、自転車はそこを「通らせていただいている」に過ぎないからだ。

交通弱者というのは、単に歩行者というだけじゃない。お年寄りも乳幼児もいるし、ベビーカーもいる。車椅子や白杖などを必要とする各種の障碍者だっている。つまり「自らは他者を傷つけないが、他者からは傷つけられる存在」こそが交通弱者なのだ。その弱者を守るために歩道というものはある。

これまた世界中の道路交通の鉄則である。

ところが、日本だけ、この歩道のなかに、交通弱者とは到底呼べない自転車というものを入れ込んでいる。その自転車が歩行者をドケドケと蹴散らしているのが、我が国の歩道の普通の風景だ。

もちろん日本だって、自転車は原則車道である。ところが、車道にはクルマというものがいて「ドケドケ、チャリンコは歩道に上がれよ、邪魔だろうがよ」と言っている。で、自転車は仕方がないんで、歩道に上がって、「ドケドケ歩行者、ベビーカー、邪魔だろうがよ」と言っているわけだ。

それぞれのスペースで、強者が弱者に対して、常にしわ寄せを食らわせるという構図になっている。

じつに野蛮である。恥ずかしいかぎりだ。

「歩道は歩行者優先で、車道寄りを徐行」が基本

歩行者の通行を妨げる場合は、一時停止するか
自転車からおりて押して歩く

この事を考えるだけで、日本の歩道政策がいかに間違っているか、ということが分かるはずだ。

まあいい。ホントは良くないが、ここでそれを言っても仕方がない。

この「3 歩道は歩行者優先で、車道寄りを徐行」という項目は「それでも車道は怖いから……」という人のためにある。自転車お久しぶり（高校生以来かしらね）の若いママさんなどはそうだろう。私はそれを全否定するものじゃない。

そういう人は歩道もありだ。

ただし、必ず歩行者優先で徐行運転をすること。もしも歩行者の通行を妨げるような場合は、一時停止するか自転車からおりて押して歩く。自転車は歩道上では〝居候〟なのである。

何かあったら停まって、おりて、押していこう。その場合なら、歩道上で堂々としてていい。大丈夫、自転車は「おりたら歩行者」なのだから。

### 4 安全ルールを守る

自転車には「安全運転義務」というものがあり、そこから逸脱してはならない。次の項目に代表されるような、いわば〝常識を守ろう〟的義務だ。

- 飲酒運転・二人乗り・並進の禁止
- 夜間はライトを点灯
- 交差点での信号遵守と一時停止・安全確認

大人もヘルメットを着用してはどうか

子どもには必ずヘルメットを着用させるようにする

最近、これらの伝統的（?）な常識的義務を無視した危険行為に、「スマホをいじりながら運転」「ケータイかけながら運転」「ヘッドホンステレオ聞きながら運転」などが追加された。
ま、いずれも当たり前のことである。
とにかく自転車を運転していて「これは危険だな」と思うことをしないように。自転車は軽車両という名前のれっきとした車両なのだ。車両を運転する以上、安全運転の義務は生じるし、何かあった時の責任も生じるのである。

## 5 子どもはヘルメットを着用

子どもの保護者は、13歳未満の子どもを自転車に乗車させる時や、6歳未満の子どもを自らの自転車に同乗させる時には、自転車用のヘルメットを着用させるようにする。

これは保護者の努力義務であるというのが、この項目。

大変けっこうなことはあるが、私としては、どうせ「努力義務」を課すのであれば、大人も着用してはどうかと思う。

自転車事故で不幸にして死亡する人は、年間に500人弱程度いるわけだが、その死因となった部位のワーストワン、じつに64%を占めるのが「頭部」なのだ。胸部圧迫でも全身打撲でもなく頭部損傷。自転車死亡事故というものは「事故のはずみで頭をアスファルトに打ちつけて死ぬ」ことが大多数なのである。

ということは、その64%の人はヘルメットさえかぶっていたなら、死ななくてもすんでいたのかもしれない。

おそらくそうだと思う。自転車のヘルメットいうものはアスファルトに打ちつけられるような衝撃を15分の1に低減してくれるのだそうだから。

また、頭部、すなわち脳の損傷というのは、よしんば死に至らなかったとしても、大きな障碍をもたらすことが多い。半身不随になったり、言語障碍が出たり、と、重篤な結果を呼ぶ。

大変なのは、いずれの場合も、リハビリなど回復に多大な努力を要することだ。回復しないことも多い。

脳細胞は一度死ぬと元に戻らないからだ。

腕や脚が折れたとしても、後に繋がるのとは、話が違うのである。

ちなみに筆者ヒキタは、自転車に乗る際には常にヘルメットをかぶっている。掛け値なしに１００％。たとえママチャリでも、だ。29歳の頃にかぶり始めて、もう20年になる。

逆に自転車に乗る際にヘルメットをかぶらないでいると不安で仕方がない。私にとっては、もはやクルマのシートベルトのようなものなのだ。

## フロント子乗せに見る偉大なる進歩

さて、私はこの話がけっこう好きでありまして、第一章にもちらりと書いたのだけれど、ちょっと詳しく書いて、この偉大なアイデアを顕彰したいと思うのだ。

本気で思うけど、この「ふらっか〜ず」方式の前後で、子乗せ自転車の歴史は転換したといっていい。それくらいの大したインパクトを持っていたと私は考えている。

## 日本はなぜ「フロント子乗せ」なのか

ヨーロッパの滞在経験の長い人からは、時折こういう話を聞く。

「子育て日本人は、なぜ自転車のハンドル側に子どもを乗せるのかねぇ、危なくないのかねぇ。ドイツ（ドイツにかぎらずヨーロッパ諸国どこでも可）ではそんなことしないよ。子どもはトレーラーに乗せて引っ張るのが一般的かな」

ある意味においては、間違ってはいない。たしかに欧州人は、子どもを普通自転車のフロントには乗せない（カーゴバイクを除く）。子乗せトレーラーを引っ張るか、少なくともリアの荷台に子乗せを置くものだ。

この日本との差、一番の理由は「歩道を通るのが一般的か、車道か」という部分にある。日本の場合、昭和45年以降「ママチャリは歩道」がスタンダードになってしまったため（繰り返しになりますが、私ヒキタは間違った〝蛮習〟だと思ってます）、トレーラーが引っ張れなくなってしまったからだ。歩道は狭いからね。他の歩行者に迷惑になってトレーラーなんか引きずってられないよ。

しかし、もう1つの〝ポジティブな〟理由を忘れてはならない。

それはひとことで言うと「欧州諸国には〝ふらっか〜ず〟がなかったから」だろう。

ハンドル軸の真上に
重心がきている

「ふらっか〜ず」。日本の丸石サイクルが開発した自転車の名前である。この「ふらっか〜ず」が初めて採用した偉大な発明を、我々、電アシ子乗せ自転車ユーザーは忘れてはならない。この発明こそが、日本を「フロント子乗せ自転車大国」にしたのである。

## それは1987年にはじまった

名門・丸石サイクルが、最初に考えたのは「たくさん荷物を載せてもふらつかない〝お買い物自転車〟を作れないか」ということだったという。

ふらつかない自転車、だから商品名も「ふらっか〜ず」。それはいわば「コロンブスの卵」のようなもので、前カゴの位置を考え直してみてはどうか、というアイデアがスタート地点だった。

従来型の「ハンドルの前にカゴ」「ハンドルの後ろに子乗せ」では、カゴ内（子乗せ内）の重量物によってハンドリングが左右されてしまう。ものが右に寄れば右に、左に寄れば左に。しかし、そういう風に荷物にハンドルが取られない方法はないだろうか。

そうだ、ハンドルの回転軸の真上にカゴの重心を配置すればどうか。そうすれば多少モノが重くとも、ハンドルは安定するのではないか。

やってみたら、実際にその通りだった。これが1987年。フロントに重量物を載せても大丈夫、という自転車カゴは、これが元祖だった。

ことは「重い荷物」に留まらなかった。

たとえばママさんたちにとって、一番の重量物とは何だろう。もちろん子どもに決まってる。フラつかなくなった前カゴに子どもは乗らないだろうか？　これが次のステップだったのだ。

発売当初の「ふらっか〜ず」は、カゴの大きなヘンな自転車、といわれ、子ども乗せカゴは、当時まだ「オプションパーツ」に過ぎなかったという。

しかし、このモデルは「子どもを乗せても確かにフラつかない！　安定してる！」と、じわじわ評判を呼び、やがてママさんたちの圧倒的な支持を得、その後、各社が同じアイデアで追従していくことになる。

## フロントのホイール径が変わる

「子どものお尻が、ハンドル回転軸の真上に位置するように」。これこそが子乗せのセオリーとなった。

丸石サイクルは、その4年後の91年に、オプションではない「子乗せ専用車」を日本で初めてリリースする。主婦の友社「Ｃｏｍｏ」誌との共同開発による「ふらっか〜ず〝Ｃｏｍｏ〟」である。これが大ヒットとなった（ママ雑誌とのコラボってのはこの時代からの伝統だったのね）。

この自転車の優れていたところは「ハンドル軸上の子乗せ」だけではない。前輪を後輪より小さくし、チャイルドシートの座面を低くしたことにもある。

子どもの上げ下ろし（乗せ降ろし）が楽になり、よしんば転倒したとしても、子どもへのダメージは（当然ながら）低減される。これまた、後に子乗せ自転車の定番となったアイデアだ。

また、これ以降、子乗せの背もたれがハイバック化し、ハンドルロック（20ページ参照）が登場し、必要に応じた改良がぞくぞくと出てきた。

まさに日本式の「カイゼン」であり、技術の煮詰めであろう。「プロジェクトX」がなぜ注目しなかったのか、不思議でならない。

ただ、残念なことに、時まさにバブル、というかバブルの火照りがまだ残っている時期で、人々は「ビンボ臭いチャリンコ」なんかに注視しなかったのだね。

時代の雰囲気は、まだ「子どもを乗せるならクルマよね」だった。シーマみたいなデカいクルマ（あれは確かに〝社会現象〟だったよ）が、一般の人々にも売れまくる時代だったもの。人々は老いも若きもただ「浮かれて」いたし「この時代がいつまでも続くもの」と思っていたのだ。

しかし、誰もがご承知の通り、バブルは猛烈な形で崩壊した。

その崩壊から10年以上が過ぎた後、自転車というものが再び脚光を浴び、エコ（省エネルギー）や、健康（医療費削減）や、渋滞の低減などが言われるようになった。欧州先進諸国などでは、もはや都市交通の主役は自転車となった。

その一方で、電動アシスト（モーターユニット部分）も大幅に進歩していた。

初めての電動アシスト自転車、ヤマハ「ＰＡＳ」が誕生したのが93年。バブルの崩壊直後である。その電動アシストの進歩に関しては第一章に書いた通りである。「電動アシスト」と「子乗せ」は、奇しくも時をほぼ同じくして、それぞれに進歩の歴史を刻んでいたといえる。

日本の電アシ子乗せ自転車は、その２つ（子乗せ自転車と電アシ自転車）の進歩が

現在の子乗せママチャリは非常に安定している

合致したところに成り立っている。雌伏の10年間こそが、電アシ子乗せ自転車を熟成させたのだ。

## 乗ってからものを言え

そういうわけで、現在の子乗せママチャリは、かつての自転車に比べてはるかに安定しているのだ。もはや見た目やイメージでは語れない。これはもう乗った人にだけ分かる事実だ。

ところが、時折、乗ったこともない人（大抵は中高年のオジさん）が、子乗せママチャリを指さし「前と後ろに子どもを乗せてるよ」「あんなの危ないとは思わないのかねぇ、禁止してしまえばいいのに」なんてのたまうことがある。

だからこそ2008年には「子乗せママチャリ禁止騒動」なんてものがあったりした。「アブナイから」だそうな。自転車のことも、子育ての現場も知らず、よくそんなことが言えたものだと思う。黒塗りの後席にふんぞり返って、道路を漫然と眺めてるだけだから、自転車のことも知らず、分からず、勝手なことが言えるのだ。

まずは「乗ってみてからものを言え」と言いたい。

本気でよくできてるんだから。

そして、現在の子育てママさんたちは、必要に迫られ、同時に、さまざまな進歩の上に立って、安全、安定に守られながら、こうした自転車に乗っているのである。

こうした自転車を脅かすのは、自転車の構造じゃない。一番の脅威は「どけど け、クルマのお通りだ」とばかりに、傍若無人運転をしたり、クラクションを鳴らして恥じない、クルマの方だ。

要するに、自転車を邪魔もの扱いするクルマこそが、一番のリスクなのである。「子乗せママチャリはアブナイアブナイ」などというドライバーは、まず自ら乗って試してみることからスタートした方がいい。それでも分からないヤカラは、次に自らの脳機能の不全を疑うべきだろう。少なくとも免許など返上していただきたい。

ちなみに先に登場したヨーロッパ諸国の子育てママ。日本に来るとどうしているだろうか。

麻布や広尾あたり、大使館が密集している地域で見ていると、彼女たちは、ほぼ100％、日本製の電アシ子乗せ自転車に乗っている。

ヨーロッパ型の子乗せトレーラーに比べても「便利ね」「軽快ね」「それなのに安定しているわね」だそうだ。

## もうひとこと言わせてちょ

ついでにいうなら、ハンドル軸上に子乗せを置く、この「ふらっか〜ず形式」は、同時に「ガニ股漕ぎ」も駆逐した。

これ、あらためて乗ってみたら分かるけど、従来型の子乗せ、つまり「後付けでハンドルに引っかけるような形で装着するもの」は、ペダルを踏んでると膝がガンガンあたって不愉快なのだ。

必然的に、それを避けるためにガニ股になってしまう。

これはオシャレじゃないぞ、本気の話。

ふらっか～ず形式こそ、子乗せ自転車をオシャレでエレガントなものにした。

これはこれから買う人に言っておきたい話なんだけど。

だってね（特に女性にとって）望ましい自転車の姿は「オシャレな自転車」じゃないはずだ。

「乗っている自分がオシャレに見える自転車」。これこそが望まれる自転車だろう。

## 電アシ自転車で健康的にダイエット

### 効果の基本は「有酸素運動」

意外なことではありますが、電アシ自転車、ダイエットに効果的なのであります。

普通に考えると「通常自転車に比べると、モーターがアシストする分、消費カロリーは少ないだろ」と思う。読者の方でそう思われる人はきっと多いはずだ。

それは確かにそうなんだけど、こと「ダイエット」という意味では、そうとばかり言えない。

ここには「有酸素運動」と「無酸素運動」、そして「運動強度」というものが大きく関わってくる。

次ページのグラフをご覧いただきたい。

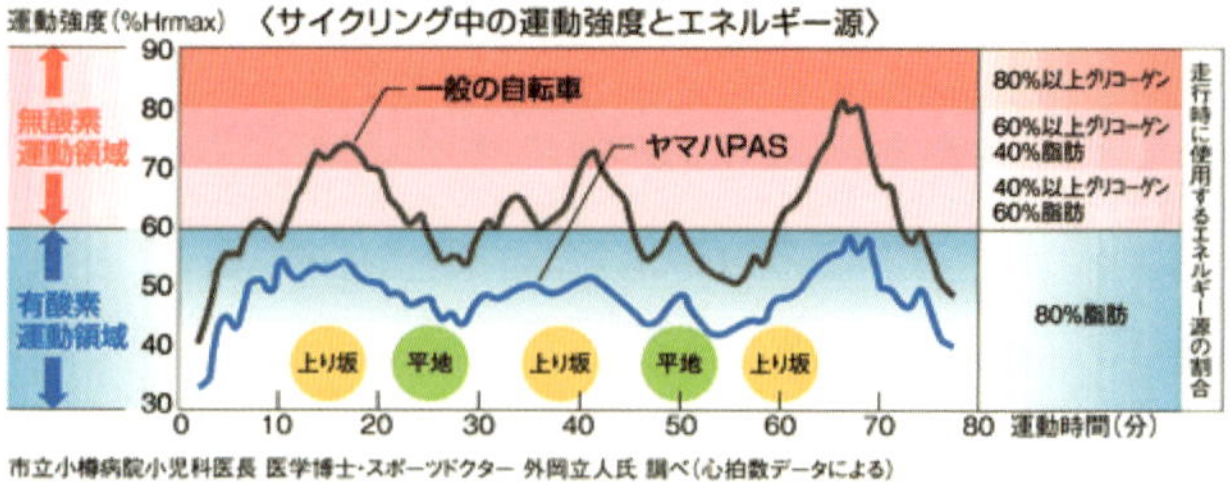


ヤマハHP「もっと詳しく！（PASの仕組み）ヘルシーライフ」
（http://www.yamaha-motor.co.jp/pas/feature/healthy/）より転載

これは通常のママチャリと、電アシ自転車（ママチャリタイプ）の運動強度を比べたものだ。これを見ると、通常のママチャリ、上り坂になると運動強度が格段に上がり、電アシ自転車の場合は、坂になろうが平地だろうが運動強度がなだらかなのが分かると思う。

この運動強度、分水嶺は、60％HRmaxにあるという。

この「％HRmax」という単位は、運動中の心拍数を最大心拍数で割った値で、つまり「これが私の限界よ〜」という心拍数に対して、今現在が、どの程度の運動強度かを表したものだ。

これが60を超えると、身体は無酸素運動に切り替わり、60より手前だと有酸素運動を続けることができる。

ちょっとでもダイエット理論を齧《かじ》った人なら誰もがご存じの通り、脂肪が燃焼するのは有酸素運動だ。これに対して、無酸素運動だと、運動強度はそのまま「腹が減る！」「筋肉がつく！」という方面にはたらく。

## ポジションの差でダイエット効果もいろいろ

筋肉がつくというのは、別段悪いことではないが、太腿《ふともも》がパンパンに太くなるというのは（特に女性にとっては）あまり歓迎すべきことではないだろう。

特に「ママチャリ・ポジション」は不利だ。

ロードバイクなどの前傾姿勢と違って、ママチャリの直立姿勢は、太腿ばかりに負担がかかりがちで、無酸素運動はそのまま「太腿パンパン！」に直結する。

スポーツ自転車の場合。漕ぐ力を体全体で均等に支えることができる

ママチャリ（シティサイクル）の場合。漕ぐ時はほとんどの力を太腿で支えなければならない

上の右写真にある通りだ。

ところが、それが電アシ自転車になると違うのだ。

たとえそれがママチャリポジションであろうが、基本的に運動はマイルドな有酸素運動。しかもそのエネルギー源はほぼ脂肪となる。太腿パンパンになる前に、身体が痩せる。太腿に筋肉が付くだけの運動強度が（良い意味で）得たくても得られないのだ。

それに、電アシ自転車（ママチャリタイプ）の運動は、必ず時速24キロ未満になるから「つらい運動」とは無縁だ。常に軽い力で、無理なく進むことができる。乗っているのが苦にならないどころか、気持ちがいいくらいだ。これは「長い距離、走れる」「長時間、続けられる」ということに直結する。

自転車に乗るという運動が日常的になる。そこに我慢が存在しない。

ということは、長い目で見ると、電アシ自転車の方がダイエットに向いているのである。体重が減るというだけではなく、見た目がほっそりとする。

実はこれ、後に出てくる「電アシ・スポーツバイク」において、さらなる効果が期待できるということを示している。上写真のようにスポーツ自転車は、筋肉への負荷のバランスが格段にいいからだ。私としては「ぜひお試しあれ」と言いたいところ。

# 第二章

# 電アシ自転車を使い倒せ!

それなりの額のお金を支払って、せっかく手に入れた電アシ自転車。さあ、そのまま遊ばせておくのはもったいない。十全に使って、使い倒して、そのベネフィットを手にしようではないか。

電アシ自転車は、普通の自転車にはない特徴を持っている。その特徴を理解すると、ユーザーにとっての使い方が俄然変わるはず。そして、使い方が変わると、電アシ自転車はかぎりなく便利で快適な、人生のパートナーになってくれるはず。

さよう、自転車というものは、もともと人生のスタイルを変える可能性すら持っているのである。

## 電アシ子乗せ自転車ならではの注意点

電アシ子乗せ自転車には、電アシ子乗せ自転車ならではの〝注意ポイント〟がある。

というのも、電アシ自転車にもネガティブファクターがまったくないわけじゃないからだ。なかでも最大ネガポイントは、どうしたって「車重が重い！」ことだろう。

子乗せを前後に付けると、車重だけで35キロ程度。

子どもを前後に乗せると、前10キロ（2歳）の、後ろ15キロ（4歳）と軽めに想定して、合計60キロにもなる（自分自身を入れると当然もっと）。

電動アシスト付きだから、走行性能に及ぼす影響はそこまでもないが、問題

ハンドルロックは必須だ

押し歩きの際は、常に「自分側に傾ける」を基本に

は、停まったり降りたり、子どもを乗せたり降ろしたり、つまりは「おりている」または「押している」時の取り回しなのである。

## 自転車は必ず「自分側に寝かせる」を基本に

子どもを乗せて合計60キロや70キロにもなる電アシ子乗せ自転車だが、そのほとんどは当然ながら車輪が支えている。乗り手が支えるのは、あくまでその挙動、つまりハンドルさばきと、前後へ向かう推進力（つまり歩き）だけだ。

ほとんどの場合、それでうまくいくんだけれど、時折「わ！」と思うのは、車体が自分の逆側に倒れかかった場合だ。

これは恐いよ。

いったん逆側に傾いたものを自分の力だけで支える、すなわち引き上げるのは、パパにもちょっと難しい。悪くすると子どもごと向こう側に倒れてしまう。

これを避けるためには、押し歩きの際、常に「自分の方側に傾ける」ということを意識することだ。

これは少しずつ慣れていってください、としか言いようがない部分で、自宅近くで押し歩きの練習をしておくといいと思う。

また、最初から前後に「子どもフル乗車！」というのでなく、❶最初は自分だけ、❷次に後ろに小さい子、❸前に小さい子、❹後ろに大きい子、❺前後に子どもも、と、ステップアップしていくと吉、だろう。

## ハンドルロックは必須

今どき、ハンドルロックのない子乗せ自転車はない。といいますか、ハンドルロックが付いてないような子乗せ自転車は不良品、粗悪品の手合いだから、買ってはなりません。これは本気で。

ハンドルロックとは何かというと、たとえば自転車を停めて「さあ子どもをおろそう」などという時に、ハンドルが動かないように固定させるレバーのことで、これがないと、子どもを安全におろすことができないのである。

前子乗せに乗せた子は（というか、子どもというものは全般に）じっとしていない。絶えずきょろきょろ周囲のものに興味を持ち、何かあると、身体をひねって見ようとする。その拍子にハンドルはグルンと回り、はずみで自転車はばったり倒れる。その時子どもは必ず地面に頭を強打するのだ。

そういう類《たぐい》の事故がかつてどれほど起きたことか。

実はある一時期、子乗せ自転車に乗っていた子どもが死傷する事故は、走行時よりも停車時の方が多かったことがある。そこには、ヘルメットの有無という以外に、このような理由があったのだ。

現在は、この「ハンドルロック」と、そもそも自転車を倒れにくくするための「幅広スタンド」により、こうした事故は激減した。

それにしたって、利用しなければ意味がない。子どもの上げ下ろしは、必ずハンドルロックをかけてから。これはくれぐれも心がけていただきたい。

## 子乗せに子どもを乗せたまま離れない

子どもを乗せたまま車両を離れて……、なんてことをいうと、即座に思い浮かぶのは、ザ・定番。「クルマを駐車場に駐めて、子どもを乗せたままパチンコに行った」などというバカ親であろう。

真夏のＴＶニュースでもうお馴染み。どこからどう見ても、キング・オブ・バカ親。議論の余地なきＤＱＮ大王である。

だからして、普通の良識人たちは「誰がするかよ、そんなこと。ましてや自転車……」と思うと思う。我が子を子乗せに乗せたまま自転車を離れるって？　そんなアホな。

と、思うでしょ。ところが、けっこうやってしまうのだ。いえ、もちろん乗せっぱなし、置きっぱなしでパチンコなんて話じゃないすよ。ほんのちょっとの、いわば「一瞬」。そこにこそ悪魔が潜んでいる。

たとえば、ポストにハガキを入れる際。はたまた自動販売機でジュース（まさにその子のための！）を買う際。

ほんのわずかな時間だから大丈夫、と、思いきや、そのわずかな時間にこそ、子どもは思いっきり身体をひねる。またはどちらかに身体を傾ける。前の子乗せに乗りながら（たとえば）なぜか地べたに落ち葉を発見して、その落ち葉を取ろうとして、思いっきり下に手をのばしてしまうのだ。

そうすると、どんなにハンドルロックをかけようが、スタンドが幅広であろうが、子乗せ自転車はあっという間に倒れてしまう。

自転車を離れる時は必ず子どもをおろしてから

実はかくいう私も一度やったことがある。

前の子乗せに長女（当時2歳）を乗っけたまま、長男（同7歳）の自転車の〝数字合わせカギ〟を外してやっていた。長女を乗せて、さあ、お家に帰ろうか、という矢先「カギが外れないよー」と長男が言いつのったのだ。2つの自転車の距離は、わずか1・5メートルというところ。私は「ま、大丈夫だろう」と、長男自転車のそばに行った。

すると、何をどうしたのか、その数秒後に子乗せママチャリがばったり倒れたってわけ。

もちろん長女はフロント子乗せに乗ったままである。

バタン！（一瞬の間）ギャーッ！！

当然のように長女は泣きわめき（いわゆる〝ギャン泣き〟というやつです）、私ももちろん真っ青になったが、子乗せのシートベルトと、子乗せハイバック（ヘッドレスト付き背もたれ）と、ヘルメットのおかげで、大したことはなかった（というか無傷）。

よかった。だが、私にとっては、ものすごく教訓になった。

たとえ一瞬たりとも、子乗せに子どもを乗せたまま自転車を離れてはならない。もしもポストにハガキを入れるならば、自転車に跨がったままで、だろうし、息子の自転車のカギを外すなら、いったん子どもを子乗せからおろしてから、だ。

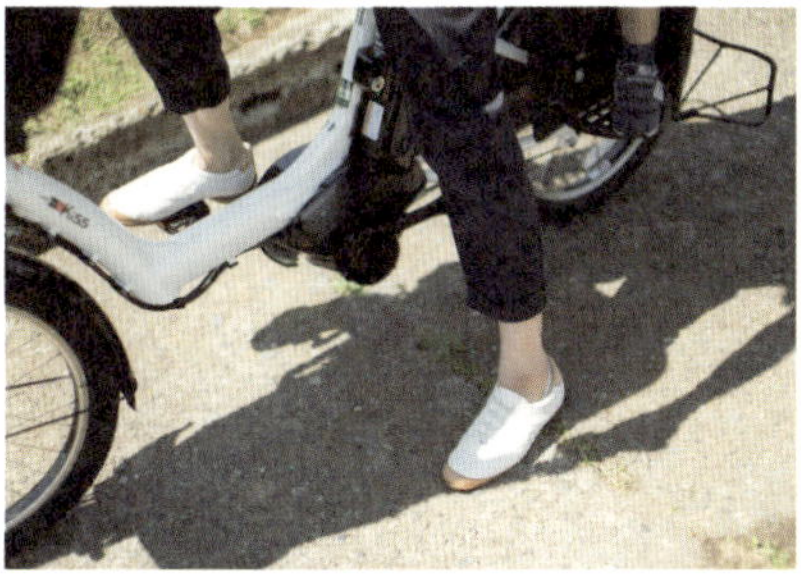

一方の足をペダルにかけ、もう一方は地面に残し、その上でペダルを踏む

ヘルメットは本当に大事

## くれぐれも子どもにはヘルメットを

それにしても、前項の事故（私的には大事故だ）で、長女が無傷だった一番の理由は、ヘルメットをかぶっていたから、というその一点に尽きるだろう。

ヘルメットというのは、本当に大事なのだ。

これは75ページにも書いているけれど、自転車乗車中の死亡事故、その64％は頭部損傷で亡くなっているのである。

私自身、ヘルメットなしで自転車に乗ることは皆無だし、子どもをヘルメットなしで自転車に乗せることも有り得ない。

特に身体の割に頭部の重い幼児や児童は、自転車で転倒した際に、必ず頭部から落ちる。

子どもを乗せるなら、必ずヘルメットを。

昨今の東京都内、子乗せに乗せられた子どもたちは、ほぼ１００％ヘルメットをかぶせられるようになったが、これはここ最近の社会で、最も好ましいトレンドのひとつだろうと思っている。

子乗せがある以上、そこには必ずヘルメットを結わえ付けているくらいの意識を持っていた方がいいと思う。駐輪場に駐めたなら、ヘルメットを結わえ付けたまま放置していてもいいくらいだ。

大丈夫。私の経験上、子どものヘルメットを盗むヤカラはほぼいない。大人用のヘルメットは割合すぐに盗まれてしまうのだけどね。

## ケンケン乗りはだめよ

電アシ子乗せ自転車がらみで「ついついやってしまって、その結果に驚いた！」という代表格が、これだ。

結論を最初にいうなら、ケンケン乗りは厳禁である。絶対にやめてね。

なぜかというと、左足をペダルに乗せ、右足でケンケンするこの乗り方、左足にトルク（力）がかかり過ぎ、その結果、アシスト力が爆発的に発生し、トンデモない初動スピードが出てしまうからだ。

悪くすると、ハンドルの手を振り切って、自転車が勝手に飛び出てしまう。

これは電アシ自転車の性質上、仕方のない話で、自転車は時速10キロにいたるまで、人力の2倍のアシスト力を強制的に発生させるからだ。

普通は少しずつ力をかけていくなかで、その「少しずつ×2」の力が発生するだけだ。おお、マイルドながら力強いなぁという結果になる。

ところが、ケンケン乗りをすると、瞬間的に全体重がペダルにかかり、その力の2倍、要するに（全体重の合計3倍分）の力が、推進力に変わるのである。

これはかなり過激だよ。

本気で大事故の元になる。

電アシ自転車に乗る際は、必ず、最初に跨いだ後に、一方の足をペダルにかけ、もう一方の足を地面に残し、その上で、ペダルを踏むことであります。

すると、電アシ子乗せママチャリはスムーズに力強く発進し、期待通りの性能を示してくれるのだ。

さらにいうなら、メリットはそれだけじゃない。

実はその方がペダルやクランク、変速機やチェーンにかかる負担も軽減され、自転車自体の長持ちにも結びつく。

ケンケン乗りじゃなく、一度跨がってから漕ぎ出す。これを機に、ぜひ習慣に。

## 歩道上での加速に注意

電動アシストの初動加速というのは、そもそも自転車の安全に直結している。というのも、普通の自転車、なかでも子乗せ付きで、一番危ないのが、漕ぎ出しのスピードが出ていない局面だからだ。

自転車というものは、ある程度以上のスピードが出ないと、フラついて倒れやすいものとなる。2輪しかないんだから、そりゃ当たり前。自転車自立の原理である「ジャイロ効果」というものは、ある程度の回転スピードがないと十全に働かないものなのだ。

ところが、電アシ自転車は、初速を電動モーターで後押ししてくれる。だから漕ぎ出しのヒヤリが少ない。こうしたところにも電動アシストの効用はある。

ただ、それは「乗り手にとって」の話であって、歩道上の歩行者にとって「わ、ビックリした！」のもとになっているのも事実だ。

通常の歩行者は、無意識の物理法則に基づいて、あらゆるもののスピード（あるいは加速）を予測している。自転車は自転車の、歩行者は歩行者の「この程度の速度だな」を前提に自分の行動を決定しているのだ。

歩道上では歩行者に
対しての気遣いを

ところが、電アシ自転車は、その「無意識の物理法則」を大いに裏切る。特に時速0〜10キロのレンジは、人力の倍のアシスト力がかかって、ちょっと意外なほどのスピードが出る。

これが、歩行者にとっての「わ、びっくり！」との心情を生んでしまうのだ。それを生まないように。加速を抑え気味に、ペダルは楽に踏んでいこう。

もとより歩行者のいる部分は歩道だ。そもそも歩道は、電動アシストが付いていようといまいと、徐行が義務づけられているのである。

## 自転車各部はこうして使う

自転車といえどもある種の「道具」だし「機械」だ。当然ながら、さまざまなパーツが集まってできている。それぞれ各種のパーツ、使い方を覚えると、自転車全体の扱いだって変わってくるはずだ。

ここでは第一章でさらりとしか扱えなかった重要パーツそれぞれについてちょっと詳しく説明してみよう。

本節はいちいち自転車の乗り方に関わってくる部分だ。

### 変速機の使い方

電アシ自転車に変速機、というと、なかにはヘンな顔をする人がいる。

変速機の使い方は、漕ぎ出しは「1」から、次第に「2」、「3」とシフトアップさせていく

「電動アシストなのに変速機がいるの？　だってモーターがアシストしてくれるんでしょ？　変速機ってのは楽に漕ぐためのものなんだから、そんなものは要らないんじゃないの？」

とまあ、そういう考え方だ。これ、まんざら分からないワケじゃない。

実際に「ほとんど3段変速のうちの〝2〟のままよ」なんてユーザーもいる。正直申し上げて、ママさんに多い。わたしのカミさんがその典型である。面倒くさいというのと、メカが苦手という意識があるんだろうね。

ただ、それでは少々もったいないのだ。

もったいないというのは2つの意味があって、「バッテリーの消費電力」についてと、「本来の性能はもっと活かせるはずなのに」という部分においてだ。

電気モーターも、実は人間の脚と同じで、疲れる使い方をすると電力を過大に消費するし、その結果、バッテリーの容量はみるみる減ってしまうことになる。

一般的な3段変速ママチャリタイプを例にとると、たとえば、上り坂の際は「1」（つまり最も軽いギア）か「2」がいいだろうし、漕ぎ出しの際にも「1」から始め、スピードが乗るにしたがって「2」、「3」へとシフトアップしていくのがいい。下り坂ならもちろん「3」だ。

もしも普通の自転車、すなわち自分の脚だけで漕いでいた場合なら「どの段数が一番疲れないギアだろうか」ということで変速機を使うと思う。そのチョイスこそが、電アシ自転車にも最適なギアなのである。

モーターだって疲れるシフトは嫌い。電力を過大に消費してしまう。どこか「人間くさい」のだ。

あと、漕ぎ出しからスピードが出るまで「1」から「2」、「3」と適切にシフトアップしていくと、結果として平均スピードが安定して速くなり、時速20キロ程度を維持できることになる。

必然的にアシスト力が少なくて済む。

ということは、バッテリーが長持ちする、という結果を生むことにもなる。

## 「内装変速機」の性質を知ろう

電アシ自転車（ママチャリタイプ）の場合、変速機は多くの場合、右手グリップで回す3段変速である。

「内装変速機」という。

スポーツタイプの外装変速機と比べると、一長一短あるんだけど、電アシ子乗せ自転車には、なるほど、向いていなくはない。

内装変速機とは、スポーツタイプに多く採用される外装変速機と違って、後輪ハブ（車軸）に組み込まれた遊星ギアによる変速システムをもつ。

遊星ギア？　そのシステムをここで言うのは、かなり難しいし、本書の手に余る部分なので割愛するけれど、内装変速機、簡単にいうと次のような性質を持っている。

### メンテナンスフリー

内装変速機は多くの場合、メンテナンスフリー、つまり調整が必要ない。ここ

内装変速機

スポーツタイプの外装変速機
（写真はSHIMANO105）

が歯車むきだしの外装変速機と違うところで、手が油で汚れることもなければ、ガリガリバリッなんて不快な思いをすることもほぼ皆無だ。
加えて言うと、そもそも内装変速機、中をあけると小さな歯車だらけで、素人にメンテナンスなんてできません。いわゆる「ブラックボックス」と思ってもらって結構だ。

**停車中でも変速可能**

ここが内装変速機の一番ママチャリに向いている部分だ。外装変速機は、構造上、チェーンを回していなくては変速できないけれど、これに対して、内装変速機は停まったままでも変速可能なのだ。
内装変速機というのは、ハブ内の遊星ギアに引っかけるツメ部分をずらして変速するので、構造上、チェーンが動いてなくてもいい。これはかなり便利といえる。だから、交差点などで停車したら、停まっていながら「1」にして待機、その後、出ていく、なんてことができる。変速機に慣れない人でも、効率のいいギアシフトができる。

**重い**

ところが、ここが一番内装変速機の弱いところで、金属の塊である内装変速機は、それだけで（部品として）持ってみてもずしりと重い。これは自転車の性能を大いに削ぐもので、だからこそスポーツ自転車は、絶対に内装変速機を採用しないのだ。

ただ、電動モーターを持っている電アシ自転車の場合、重量がそこまでマイナスにならない。だからこそ電アシのママチャリタイプには（スポーツバイクとは逆に）ほぼ100%、内装変速機が採用されるのである。

## 内装変速機の作法

内装変速機は、いろいろな意味で「外装よりも扱いが簡単」だ。ただし、ちょっとだけ面食らう部分がないでもない。

1つ目。トルクをかけている（力を入れてペダルを踏んでいる）時に「あれ？ 変速できない」ということがある。これはペダルに力が入っていればいるほど起きることで、ペダルを一瞬だけ止めてみてください。変速できますから。

次にさほどトルクをかけてない時にも、リアからカツンカツンと異音が出るばかりで「あれ？ 変速できない」ということがある。

これも内装変速機の特徴のひとつで、決して故障ではありませぬ。変速時に、これまた1秒程度ふっと力を抜くと、変速できます。これらのことは、つまりクルマのMTにある「クラッチを外す」という状態のことだ。

過大なトルクがかかったままでは変速はきかない。手元のシフターは動いても、変速機内が〝摩擦〟で動かないからだ。

で、トルクを一瞬ゼロにして、ハブ内の軸を動かしやすくしてやる。すると変速機内がスムーズネスを取り戻し、すんなりギアチェンジができるってわけ。

ペダルを回さないと動かない外装変速機に対し、ペダルを止めた方が動かしや

電動アシスト自転車の場合の「低め」のサドル高。5点で支えている

右のようなサドル高では、停まる時、必然的にこうなる

ペダルを効率的に踏むためのサドル高

すい内装変速機。こういうところにも正反対の性質があるのだ。

**サドルの高さにもセオリーが**

サドルの高さについては、実は少々迷うところだ。

自転車というもののセオリーでいうと、サドル高は「サドルに座ったままで、片足爪先立ちができる程度」というところが最も望ましい。つまり通常ママチャリのサドル高に比べると非常に高いポジションとなる。

これは、ペダルを効率的に踏むためであって、このサドル高だと、軽快にスピードが出る、長い距離が走れる、おまけに太腿がすっきりと細くなる、と、イイコトづくめなのだ。

だから、自転車に慣れた人のサドルは常に高いのである。また、欧州の軽快車やダッチバイク（日本のママチャリにあたる）も常にサドルが高い。そこには合理性があるのだ。

ちなみに、停まる時はお尻をサドルの前に出して、フレームをまたぐような形で停まる。再び乗る時は、ペダルを漕ぎ出しながら、サドルの上にポンとお尻を乗せればいい。こんなのは10分も練習すればすぐに慣れるもので、実際にオランダやドイツなどでは、オジ（ィ）さんたちも、オバ（ァ）さんたちも、みなそうしている。

ちょっと説明を加えると、ペダルを踏む際には、膝の角度を110度前後にしておくのが、最も力が十全に伝わる形だとされ、このサドル高は、そのあたりが基準となってくるのである。

ところが、電アシ子乗せ自転車（ママチャリタイプ）についてだけは、少々、話が変わってくるのだ。

## 電アシ自転車の場合は「ちょっと低め」に

このサドル高で停まることになると、当然ながら、停車時、脚2本と両手ハンドルの4ポイントで自転車を支えなくてはならなくなる。だが、それをするには電アシ子乗せ自転車は重過ぎるのである。

しかもそこには往々にして子どもが乗っている。ますます重いのだ。

ひるがえってもうひとつの停まり方。サドル高を低くし、べったりと地面に足を着ける場合、支えるポイントは脚2本に両手ハンドル、プラスしてお尻の5ポイントとなる。

お尻の上にはもちろん背骨に胴体に頭がもれなくついてくるわけで、支える力は強い。その安定性は段違いだ。

こうなると、やはり「乗った時の快適性より、停まった時の安定感」を選ぶ人がいても不思議じゃない。

筆者ヒキタは、自分が乗る際には「サドル高め、停車時4ポイント支持」を選ぶけれど、それは多少なりとも自転車に慣れているからだ。誰にでもそれがいいというわけじゃない。むしろ力に自信がないママさんなどは、低いサドル高を推奨したいくらいだ。

ちなみに私のカミさんは、放っておくと勝手にサドル高を低くしてしまう。あ、乗ったな、とすぐに分かる。その度に元に戻さなくてはならないので、ほんの少しイラッとする。でもま、それでもいいのだ。

ま、もちろん限度というものはあって、膝がちょっと曲がっていても、地面に足の裏がべったり、なんてのはやり過ぎだけどね。

## 電アシ子乗せ自転車にこそ「バックミラー」を！

これは電アシ子乗せ自転車にかぎらずだけど、バックミラーは大オススメであります。というのか「必須」とすら言っていいくらい。実際にこれがあると格段に安心、かつ便利なのだ。

自転車というものは基本、左側通行。そうでなくては安心も安全も得られないんだけど、その左側通行をきわめて有効にサポートするのが、このバックミラーなのである。

もちろん右ハンドルに付ける。

ちょっと大きなホームセンター、スーパーマーケットや、家電量販店などで売っているから、ぜひ買ってきて装着していただきたい、と、私ヒキタは切に願います。

価格は１５００円程度しかしないし、取り付け方も簡単だ。スパナ１本で装着できる。形はスクーター型というか、右斜め上方に立つ、一番ありふれた、普通のスタイルでいい。というより、それが望ましい。

電アシ子乗せ自転車にこそバックミラーを

ロードバイクやMTBなどと違って、ママチャリタイプの電アシ自転車なら、見た目も損ねないからね。というより、あたかもスクーターのようで、むしろカッコよくなるくらいだ。

で、ちょっと乗ってみれば一目瞭然。

普通に乗っていながら、後方が見える見える。後ろをわざわざ振り返らなくても、右側後方から、トラックが来るのか、オートバイが来るのか、軽自動車が来るのか、一目で確認できる。

この安心感。

もしも目の前に駐車車両がいたとしても、ちらっとバックミラーを確認（というのか、バックミラーがあると、常に後ろに何がいるかが分かってる）、安心して右側に膨らんで走ることができる。

バックミラーに関しては（特に電アシ自転車には）なぜメーカーが標準で装備しないのか、私には不思議なくらいなのだ。

## いわゆる「生活道路」の事故を減らすためにもバックミラーを！

とまあ、新たな装着品の話をすると「私は別に自宅まわりにしか使わないから」「アブナイ幹線道路には出ないから」などとおっしゃる人が出てくる。

まあまあまあ、そう言わず、と、思う。

ヘルメットと違って（ヘルメットについては75ページ参照）、一度つけたらもう構わなくていいし、どこかに忘れることもないし、ファッション性も損ねない。

それなのに安全効果は抜群なのである。

実は自転車事故というもの、意外なことながら、（安全に思われる）生活道路で、（危険に見える）幹線道路の2倍起きている。

その理由を一言でいうなら「生活道路の自転車は、より歩行者扱いに近く、よりデタラメに走るから」ということに尽きるんだろうと思う。思うけれど、そうはいいながら、自分の身は自分で守らなくてはならない。

そこにもバックミラーは有効なのである。

あちこちに停まってる宅配便のトラック、左右どっちに寄って走っているか分からない高校生の自転車、飛び出す小学生……、こうしたものの中で、安全に走るには、自転車は絶えず前後左右、周囲に気を配っていなくてはならない。

その時、バックミラーは、キッチリと後方を捉えてくれ、アラートを鳴らしてくれるのだ。

一度でも装着してみるとハッキリ分かるから。

バックミラーは安全に寄与する。

これはもう絶対的な事実なのである。

## バッテリーと上手に付き合おう

電アシ自転車で一番重要かつ身近なパーツはバッテリーである。これはもう筆者ヒキタ、断言してしまおう。

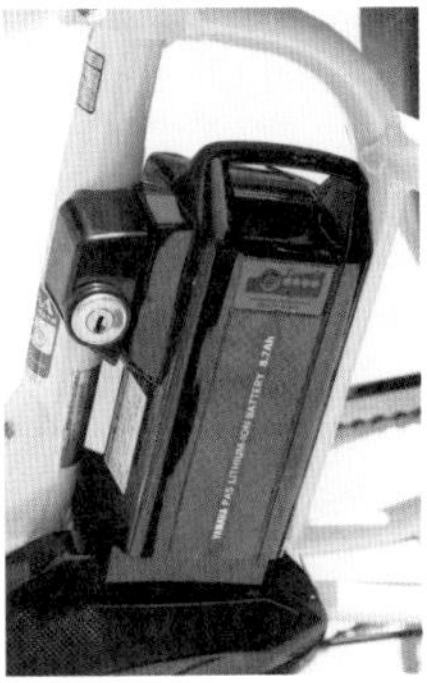

バッテリーと上手に付き合いたい

モーターも大切だけど、素人には到底いじれない。変速機やブレーキももちろん重要だけど、これは普通の自転車とさほど変わらない。

ところがバッテリーだけは電アシ自転車特有のもので、消耗品で、でも一方、あまり消耗して欲しくはないもので、この重い金属の塊に、電アシ自転車との付き合いの一番大切な部分が隠れているのである。

## 電アシ自転車のキモはバッテリーだ

電アシ自転車のバッテリーは、存外、高い。

これ、カタログで確かめる人が案外少ないので、ここで申し上げておくけれど、代表的なメーカーの純正品でいうと、だいたい次の通りだ。

- ブリヂストン「アンジェリーノ用」　3万3000円（8・7Ah）
- ヤマハ発動機「PAS用」　3万3000円（8・7Ah）
- パナソニック・サイクルテック「ビビ・DX用」　3万3143円（8・9Ah）

※いずれもメーカー標準小売価格（税抜き）

電アシ自転車本体が10万円も15万円もするのだから、この程度は当たり前ととらえるだろうか？

いやいや、そんな人はほぼゼロだろう。やはり高いです。だって、大まかにいって、ホームセンターで普通に売ってる「激安ママチャリ」なら、2台買える値段なんですぜ、このバッテリーどもは。

困ったことなのは「では、ネットでサードパーティのものを買おうか、ぐふふ」と思ったとするでしょ。中国あたりのどこかのメーカーが作っているのではあるまいか、とね。

ところが、そんなものはないのである。よしんばあったとしても、そのバッテリーはすぐにヘタってしまうようなものだし、ピタリ合うかも疑問だし、結局は「安物買いの銭失い」に結びついてしまいがちだ。

困った。

でも、バッテリーがないと、当然ながら電アシ自転車は走らない。走れない。だから、このバッテリーをいかに長持ちさせるかが、楽しい電アシ自転車ライフのキモになってくるわけだ。

では、どのように付き合っていくか。

一番よくない使い方は、次のような感じだ。

【架空のAさんの使い方】

毎日往復10キロ（またはそれ以下）程度、使います。途中でバッテリーが切れるのがイヤなんで、毎日バッテリーを家に持ち帰って充電してます。毎朝バッテリー表示が「ＦＵＬＬ」となってて気持ちがいいです。家にいる時は充電器につものせっ放しです。朝出かける時にバッテリーを持っていくのが、習慣になりました。ちなみに持ち帰る時にはバッテリー表示は「80％」程度かな。

バッテリーは充電のタイミングがポイント

こういう日々を2年半も続けると、残念なことにバッテリーはほぼ寿命となります。こうした使い方は一言でいって「もったいない」のだ。

## バッテリーの基本（1） 充電回数

充電バッテリー使用法、〝基本の基本〟はおおまかに2つある。

まず1つ目は、バッテリーには「生まれ持った〝限界充電回数〟」があるということだ。

現在の電アシ自転車についているバッテリー「リチウムイオン電池」は、メーカーによって多少の差があるけれど、大まかなところ700〜900回程度の充電で寿命がくるといわれる。

寿命というのは「充電量が半分に落ちる」程度の劣化のことだ。それ以上使えない、というわけじゃないけれど、交換オススメというヤツだ。

ま、充電量半分以下になると、見た目にもみるみる「あと○○％」表示が落ちていくんで、使っていて「ずいぶんヘタったな」という印象を受けるはず。

注意すべきは、そこにいたるのは「そこまでのトータル充電量」がものを言うのではなく「そこまでのトータル充電回数」がものを言うことだ。

つまり「まだ80％も残っているのに充電して、限界までの〝回数〟を使ってしまうのは、もったいない」のだ。

私にいわせると、充電は少なくとも20％を切ってから、である。「0％になったらどうするのよ、それが恐いのよ」という方は、114ページのコラムをどうぞ。実は電アシ自転車、0％になってもそうそうアシスト不能にはなりませぬ。

参考までに言うなら、現在の私は、普通に生活をしている中で「1日10キロ程度×週に5日」電アシ自転車に乗っている。すなわち週に50キロ程度、充電バッテリーを使う、という生活をしているんで、普通に考えると、週に1度充電すれば十分、という計算になる。で、その通り、そうしている。

1年が52週、限界充電回数が700回だとすると、理論上（あくまで理論上ね）13年半もつという計算になる。先にあげた「架空のAさん」の「毎日充電します！」というパターンに比べると、5倍以上も経済的になる。

ひとつ3万円だからね。

これって、案外デカいと思うよ。

## バッテリーの基本の基本（2）　過充電と過放電

2つ目の基本の基本は、過充電と過放電に注意、ということだ。

充電バッテリーは「充電率50％だよ」「まあまあ充電されてるよ」という程度が、実は一番安定している。

で、その逆、お腹いっぱい過ぎ、あるいは、腹減り過ぎ、というのが、充電バッテリーくんにとって、一番不快なのだという。

たとえば「充電率100％」というのを繰り返していると、バッテリーが熱をもってきて、それがそのまま劣化に結びつく。

これはどういう状態のことかというと、バッテリーを充電器に置きっぱなし、

LEDランプも点きっぱなし、というシチュエーションである。ね、案外やりがちでしょ。

これをやめることだ。100%になった頃だなと思ったら、バッテリーを充電器から外す。これだけで寿命はずいぶんのびるはず。

この逆が過放電というヤツで、これは何かというならば「おお、バッテリー残量ついに0%か」という状態で家までたどりつき、そのまま自転車に放置！という状態のことだ。

バッテリーというものは、何かに接続されていると、微かに、少しずつ、しかし着実に放電しているもので、自転車に装着したままかなりの時間（たとえば3ヵ月とか）放置していると、バッテリーがカラカラになり、そのまま死んでしまうのである。

過放電というのはバッテリーの寿命を短くするのではなく、そのまま寿命を遮断してしまう。オソロシイのである。

これを避ける手段もただひとつ、ほとんど充電量がなくなったバッテリーは、自転車に装着しっぱなしにしないことだ。どうせ放置するなら、少なくとも自転車から外しておく。もちろん充電器にセットするなら、もっといい。

## ちょっと実行が難しい「理想の充電法」

すでに述べた通り、バッテリーくんにとっての理想の環境は「まあまあ充電されてる」という状態だ。その逆に、電気が過剰に出入りして、熱を持つような状態が、一番劣化に結びつく。

だから（たとえば）充電率40％になったら、充電して70％程度にしとこう、なんてのが、バッテリーに最も負担を与えないやり方になるわけだ。

しかしながら、充電回数はそのまま寿命に直結する、という現実がある。要するに「40％のバッテリーを70％にする」充電なんてのは、かなりもったいないわけだ。

ということは、どうすればいいか。

理想の充電方法は、たとえば残量5％あたりまでバッテリーを使い切る。で、毎度95％あたりまで充電する。95％になったら、即、充電器からバッテリーを外しておく、えっへん、これが理想だ。

……とまあ、しかしながら、充電器とにらめっこしながら日常生活が送れるわけじゃなし、これに近いやり方ができれば、それでOKなのだ。

だから、私は、残りが10％前後になったら充電。充電器には6時間以上置かない（つまり寝る時に充電器にセットして、起きたら充電器から外す、ということです。だいたい4時間程度で100％になる）、という充電ライフを送っている。

たぶんこの程度でいいのだと思う。

なにごともあまりにやり過ぎ、神経質にコダワリ過ぎると、続くものも続かない。

## バッテリーに関するウラ技もあるぞ

現在の電アシ自転車に採用されている充電バッテリーには、ほぼすべて「リチウムイオン電池」が使われている。

従来のニッカド電池などと比べて、ずいぶん進歩した。まずは小さいのに大容量であり、なおかつ電力供給が安定している。これは逆にいうと「だからこそ、電アシ自転車はここまで進歩した」のでありまして、バッテリーの進化こそが、近年の電アシ自転車の普及の後押しをしてきたのである。

ついでにいうと、デジカメの進化、ケータイの進化などを下支えしているのも、充電バッテリーの進化でありますね。我々は充電バッテリーの神（ホントは開発エンジニア）に感謝しなくてはならない。

このリチウムイオン充電バッテリー、もうひとつ優れているのが、継ぎ足し充電による「メモリー効果」というものがないことだ。

従来の充電バッテリーは、使い切らないうちに充電を繰り返していると（これがいわゆる「継ぎ足し充電」）次第にバッテリーの容量が少なくなっていった。これは放電してリフレッシュすることで、元に戻すことはできるにはできたんだけれど、まあ、注意が要ったことには違いない。

ところが、リチウムイオンにはそれがないのだ。寿命がくるまで、常に「その時々の最高性能を発揮」する。それがリチウムイオンバッテリー。なんとまあ男らしいバッテリーではないか。

ところが、計算上、まだまだもつはずのバッテリーなのに、妙にヘタりが早くなった、寿命なのかなぁ、個体差かなぁ、という局面が出てくるのも事実だ。

なぜこんな現象が起きるのか。

理由の前に、ウラ技を伝授いたそう。

その場合に使うべきは、呉工業の「コンタクトスプレー（１０００円弱）」であります。いや、別にこのメーカーでなくてもいいんだけど、最近、売ってないのよ、家庭用の接点復活剤。

バッテリーが一見、ヘタったかのように見えるのは、実は接点の劣化だ。そういうことは思いの外、多い。バッテリー側、充電器側、自転車側の接点に、汚れが付着、あるいは、接点が腐食して（有り体にいうと錆びて）いるのだ。これをコンタクトスプレーで払拭して電気を通りやすくしてやるわけ。

ほんの少しプシュッとやるだけで、接点は見事に復活する。電気が通るようになる。

私の経験でいうと「早過ぎるようだけどそろそろ寿命かなぁ、でもヘンだなあ」というヘタレバッテリーが見事に新品同様パワフルバッテリーに甦ったりする。

これは、電アシ自転車のみならず、デジカメやケータイの接点、電気カミソリ、バリカンなど、充電バッテリー系のものにはなんでも応用できるんで「一家に一本、接点復活剤」は、ヒキタ個人的に、大オススメであります。

私と似たような年代（もしくはそれ以上）の、元理科系少年は憶えていると思うけど、以前は電気屋さんに行けば普通に売ってたんだよね、接点復活剤。これはやはり一連のオーディオブームが大きかったと思うんだけど、そういうブームは去ってしまった。

今では相当大きな家電量販店に行っても「接点復活剤？　そりゃ何ですか？」という顔をされる。残念なことにね。ネットで手に入れるのが一番のようです。

## コラム　バッテリー残量0％になった後、自転車はどうなるか？

バッテリー残量が50％を切ると、乗ってる人はなんとなく不安になるもので、これが10％を切ると、車種によっては手元のLED表示が点滅をはじめてしまう。「早く充電しろ、すぐに充電しろ、さもないと電池切れになるぞ、残量0％になるぞ、知らないぞ……」というようにね。

で、多くの人にとって、その「0％！」は恐怖なのだ。なぜなら一番付き合いの多い充電バッテリーは、もちろん「携帯電話のバッテリー」だから。

ケータイの場合、残量0％になると「それでは、ご主人さま、さよーならー」とばかり、無情にスパッと切れてくれる。まメモリの保護とかいろいろ事情はあるのかもしれないけれど、いや、容赦なし。

では、電アシ自転車の場合はどうか。

自宅の近くで実験してみた。

きわめてワタクシゴトではありますが、私の自宅は丘の上にあるもので、子どもを前後に乗せてバッテリーが切れるのは、そりゃ恐怖だ。自宅までの急坂を目の前にしてバッテリー切れ！ 子ども2人を乗っけたまま自転車を押し上がる！ ……なんて恐怖でしかない。アラフィフかつ元来「運痴」の私などに到底でき得るワザじゃないよ。

というわけで、あらかじめ子どもを自宅に下ろし、残量5％前後、ほぼカラカラになったバッテリーで試してみた。

さあ、どうか。4％、3％、2％、1％、と、ここまで赤い表示が、不気味に点滅を繰り返す。

で、その時はきた。

0％！

表示はそのまま点滅中。

で……、あれ？ 動くよ。モーター音は多少静かめながら、電動アシストはちゃんと働いている。

上り坂はどうか。近所の坂を登ってみた。

勾配７％前後（つまり１００メートル行くと７メートル登っているという坂。分度器でいうなら４度というところ。けっこう急です）の坂で、登りきるまで約２００メートル。

　モーター音は多少弱くなっているものの、それでも登れる。アシストも利いてる。

　なるほど、０％になったからといって、即座に切れるわけじゃないのだ。平地を行く分には、普通に気持ちよく電動アシストが後押ししてくれる。

　ということは、このままじわじわとアシスト力がフェイドアウトしていくのかな？　と、思いきや……、その時は突然やってきた。

　先ほどの「７％・２００ｍ坂」をまた登る。大丈夫。

　では、３本目。かなり音が弱々しくなったけど、まだイケる。

　ところが４本目。坂の真ん中に差し掛かった時だ。

　ペダルがいきなり、ドドババーンと重くなった。

　わ！　と思ったら、私はもう足をついていた。もうそれ以上、まったくアシストが利かない。そうなるとこの自転車は、これ以上、動かない。

　ただでさえ35キロの重量があって、おまけに急坂だ。私は残りの坂道をうんしょうんしょと押して登った。これに子どもが乗っていたらと思うと、ちょっとぞっとした。

　その後、自転車を点検する。

　平地では、かろうじてモーターは回っている。電圧が下がってしまって、強力なアシスト力は得られないが、平地程度なら、ＯＫというわけだ。

　また、前照灯もリアライトも点くし、手元のコントローラーも相変わらず「残量０％」が点滅しっぱなしである。つまり、ＬＥＤすら点かないほどの「過放電状態」にはなってないわけだ。ここは存外重要な部分で、そこまでダメになっていると、バッテリーが死んでしまう。

　結論はこういうことになる。

　バッテリー残量０％になっても、アシスト力は（ケータイのように）即座に切れるわけじゃない。

　０％未満になった後、そのまま登れる坂は１キロ弱。その後の私の個人的調査でいうなら、平地で７、８キロというところ。

　つまり、もしも残量０％になったところで、自宅の近くにいるならば、そこからでもリカバリーは可能だ。

　もし多少遠くであっても、いざとなったら停めやすいところに停めて（最寄りの駅やバス停あたりかな）バッテリーを外し、自宅にいったん電車やバスなどで帰って、充電後に再びそこにやってくればいいのだ。

　平地で７、８キロ、急坂１キロ弱はもつ。現実的には、その範囲でリカバリーできないことなんて滅多にない。

　だから、残量20％や10％で、ああもうバッテリーが切れちゃう、切れちゃうと、あまり神経質になることはないと思う。

　あと、クルマと違って、ホントのホントに「いざ！」となったら、押していけばいいんだしね。

## 維持費の安さと「自転車保険」

### 驚くほど安い充電コスト

さて、電アシ自転車の電気代は、1回の充電につき、およそ10円程度である（12 Ahなど大型バッテリーの場合であっても）。それで50キロ程度走るわけ。

これは原付バイクあたりに比べると圧倒的にエコ、つまり経済的なのであります。電アシ自転車、エコロジカルなだけじゃなくて、エコノミカルでもあるのだ。

ちょっと計算してみるとこうなる。

原付の場合は実質の燃費がリッターあたり60キロというところだろう。ガソリン価格が1リットル120円として、つまり、走行距離1キロあたり2円かかるという計算になるわけだ。

原付バイク、もちろんクルマよりは安い。クルマの場合は、これが1キロ10円程度になるからね。

ところが、電アシ自転車の場合、同じ計算式で1キロあたりを計算すると、0・2円。実に10分の1である。

このトンデモない差！

経済の先行きが不透明な昨今（このフレーズ、日本はもう20年も使ってますよね）、電アシ自転車が売れるのも分かる。

業界団体によると、電アシ自転車、とっくに原付の売り上げ台数を超し、今ではすべてのオートバイの売り上げ台数をも追い抜いたんだそうな（2010年以降）。自転車が、じゃないですよ。電アシ自転車が、の話だ。

## 考えてみれば駐輪代も安い

エコノミカルという意味では、たとえば駐輪場の値段も違う。マンションの駐輪場、たとえば、私の住んでいるところでは、自転車（および電アシ自転車）は、月500円。オートバイは2000円であります。4倍。この値段差はおおむね都内マンションの平均値と似たようなところだと思う。

街中の各所にある駐輪場に関していうなら、話はもっと露骨だ。たとえば六本木の某巨大複合商業施設では、自転車（電アシ自転車を含む）が60分100円なのに対して、オートバイ（原付を含む）は10分100円。6倍もの差だ。しかも自転車の場合、最初の3時間は無料なのだ。

エコ、健康、その他において、自転車および電アシ自転車は明らかに有利であることが分かる。

## 登録料も税金もかからない

維持費ということでいうと、ナンバープレート更新の際の、手数料や保険ってやつもある。

ご存じの通り、原付は市町村管轄のナンバープレートをつけているわけだけど、この登録の手数料が（代理業者にもよるけど）だいたい5000〜1万円程度。

さらにいうと、ナンバープレート交付にともなう自賠責保険が、1年で7280円（平成28年）。

このあたり、電アシ自転車は一切かからない。

私ヒキタ的には、自転車も任意保険に入っておくべきだと思うけど（後述）その任意保険にしても、自転車の場合、原付やオートバイに比べると、格段に安いのだ。

要するに、ランニングコスト、維持費が非常に安い。

これ、電アシ自転車に関する大きなメリットだと思う。

## 悲惨な自転車事故の現実

と、維持費が安くてよかったね、のまま、この章を終えても良かったんだけど、そうとも言ってられない事象がでてきたのが昨今であります。

このところの自転車事故の多さ、そして、それが起きた時の悲惨さだ。

たとえば平成25年に起きた有名な事故がある。関西に住む小学5年生の子どもが、坂道を自転車で駆け下り、高齢の女性にぶつかった。現場は歩道のない生活道路。少年の自転車はマウンテンバイク風のものだったという。不幸なことに女性が植物状態になってしまった。

その裁判で下された判決が「賠償金9520万円」だった。

その賠償責任は、少年の母親に科された。子どもに対する自転車教育がなっていなかった、と、つまり監督義務責任が認定されたのである。

大方の推測通り、彼女は自転車保険に入っていなかった。息子も当然入っていない。またクルマの事故ならばあるはずの自賠責による補償も、政府補償事業もない。つまり9520万円は100％個人の責任となった。

この結果、加害者家族は自己破産することになった。

被害者家族にしても、賠償金も入ってこない、入院費は出るばかり。つまりはもらい損の事故となった。

おそらく平凡で平和だったはずの2つの家族が、一瞬の事故で消えたのである。

これが自転車事故の現実だ。

これだけでも十分悲惨だが、もしも電アシ子乗せ自転車で同じことが起きたとしたら、もっと悲惨なことが予測できる。

下り坂を重たい電アシ子乗せ自転車が走り（少年のマウンテンバイクどころじゃないだろう）、なおかつ子どもが乗っていたりして（加害・被害、両方のリスクだ）、そのまま誰か歩行者にぶつかるとする。

衝突エネルギーは巨大だ。死亡事故になる可能性は「高い」といわざるを得ない。

では、どうすればいいのか。

もちろん事故を起こさないのが一番だ。だが、万が一は誰にだってある。その時頼るべきはやはり保険だろう。

## 自転車保険に入ろう

これはもう声を大にして言いたいことだが、電アシ子乗せ自転車を買ったなら、その際に自転車保険に入ろう。私ヒキタ、心よりのオススメである。

昨今の動きでいうと、兵庫県が「自転車保険義務化」をスタートした。この動きはやがて全国的になる可能性がある。私はそれを故なきこととは言わない。

自転車保険にはいくつかのパターンがあるけれど、いずれも高くなんかない。転ばぬ先の杖はついておくに越したことはないと思う。その時になってから後悔しても遅いのだ。

### 現在の自転車保険、基本3パターン

●クルマ保険の特約

これがもしかして一番安くて現実的かもしれない。クルマをお持ちの方なら、ほぼ間違いなく任意保険に入っているはずだ。その損保会社はほぼ必ず「自転車事故に関する特約事項」を用意しているはず。

毎年、プラス1000円台から（保障内容、損保会社による）。保険料を増額することによって、自転車事故に関する保険がカバーできる。

対象は家族全員ということが多いので、そのあたりも安心だ。一度、クルマ保険の保険証書およびパンフレットを見直してみるといい。

●自転車保険

自転車だけを相手にした保険がこれだ。

昨今の自転車ブームに伴い、各社が力を入れ始めていて、たとえば「ａｕ損保」などでは年間４１５０円程度（ブロンズ・平成28年）で、対人１億円、しかも故障サービス（ＪＡＦのようなもの）がついてくるという。

また、私ヒキタが入っているのは、日本サイクリング協会（年会費など合計８０００円）に入るとつけられる自転車保険（対人２億円）か、ＮＰＯ自転車活用推進研究会に入会（年会費５０００円）するともれなくついてくる自転車保険（対人１億円）だ。

最近は後者のＮＰＯ自転車活用推進研究会に一本化しているが、こうした会の活動に参加するのと同時に保険にも入れるというのは、魅力的ではある。

●ＴＳマーク

これもなかなか有効な保険だと思われる。認定自転車店に自転車を持ち込み、修理、点検をしてもらうと、貼ってくれるシールが「ＴＳマーク」。で、これが貼ってあると、１年間、自転車保険がきく（対人５０００万円・赤色ＴＳ）。これこそ自転車にとっての「車検＆自賠責」のようなもので、自転車整備士によって「安全な自転車」に整備してもらい、同時に保険にも入ったという形になるわけだ。

特に電アシ自転車は、素人でいじれない部分も多いんで、１年に１度、保険も兼ねて買ったショップに持ち込むというのは、かなりアリだろう。

## 雨の日の自転車について

### 雨でも乗らなくてはならない、その時！

雨の日は自転車に乗らない。

これこそが自転車利用、特に自転車通勤の極意である。乗ったってロクなことはない。不愉快だし、寒いし、何より危険だ。

と、通常の場合「趣味の自転車」として、「自転車ツーキニストの作法」として、常に私はこういうことを書いてきた。だが、自分ひとりで通勤するならいざ知らず、子どもを乗せて保育園に行き来するのだ。子どもは駄々をこねる、はたまた雨を面白がる。で、時間だけがやってくる。

多少の雨くらいで自転車をあきらめられるか。

子育ては待ったなしなのである。

というわけで、雨天時の対処法を考えていこう。

まあ、子育てでなくとも、毎日乗っている以上、雨降りの局面は必ずやってくるのであるからね。

では、どうすればいいのか。

一番現実的なのは「そのままの格好で濡れていく」である。子どもには小さなカッパをかぶせる。だが、自分に関しては、まあどうでもいいな。

いや、なにゆえ、こういうネガティブなことを書くかというと、要するに雨具というものは着ようと着まいと濡れてしまうという現実があるからだ。また、カッパであれ、何であれ、かさばるものであり、常に持ち歩くには大き過ぎる。

もちろん「会社（など行き先）に置いておく」という手もある。それをスタンダードにできる几帳面な人にはアリだろう。だが、私のようにエーカゲンで、すぐに忘れる人間は、一度はいいけど、次が無理。

あれ、今、カッパどこに置いてたっけ？　会社？　家？　どこ？　とまあ、いつしかその存在自体を忘れてしまう。

で、そういうことを前提として言う。雨が降ったら濡れて帰ろう。どうせ帰り着くのは家なのだ。そのまま温かいお風呂にでも入ればいい。その後、自転車を拭いておくことだ。まあ、単なる「ヒキタ・メソッド」ではあるけどね。

では、その逆、すなわち行きに降ってたら……。

これはハッキリと困る。保育園に子どもを預け、その後、会社に着いてぐしょぐしょではタマラナイのだ。仕事にならんのだ。

家から、ポンチョを着ていくこともあるけど、ポンチョに関しては（ちょっと快適だけど）風に弱い上にホイールに挟み込んだりして危険なことが多い。今となってはあまりオススメでない。

カッパはかさばる上に、内部が蒸れて、結局、濡れてしまうことになる。

もちろん乗らなければいいわけで、あまりに豪雨の朝など、時々タクシーで保育園に行くこともないワケじゃない。でも、そんなことをしょっちゅうしていたら家計が破綻する。歩いて行くことももちろんある。家を早く出ればいいのだ。だが、大抵の場合、ラストは小走りになる。

一番いいのは（当然ながら）雨の日ならば自家用車で行こう、という手なんだろうけど、残念なことに、私はクルマを持っていない。おまけにたいていの保育園は「クルマの送り迎えは控えて」である。

ほんと、雨の朝については、私がどうすればいいかを教えて欲しいくらいなのだ。

## 守るべきは「目」だ

さて、そんな中、私が唯一「雨の日のコツ」として、常に推奨し続けているのが「バイザー」である。

以前は「小さくたためる野球帽」を推奨していた。それをヘルメットの下にかぶる。でも、昨今はＭＴＢ用ヘルメットだけでなく、街乗り用のヘルメットにまでバイザーは進出し、その形状がかなり充実してきたため、それでＯＫとなった。これは何故かというと、雨の日に注意すべきは、唯一「目を守る」ということだからだ。

これは「会社から帰る際」を想定していうんだけど、その時間帯は、大抵の場合、夜だろう。夜、雨の中、走る時に、水滴が目に入ってしまっては、目が見えなくなって危険だし（大抵の場合、汗と混じって塩水になっている。すなわち目に入ると痛い）、メガネをかけている人にとっては、レンズが水で濡れ、街の光が水滴で乱反射して、これまた前方がまったく見えないことになってしまう。

それを避けるためのバイザー。または野球帽のひさし。まさしく必需品なのである。

なお、傘さし運転は、まったくの御法度。

法律でも禁じられているし、実際に視界が遮られて危険である。片手運転にならざるを得ないところも、ダメ中のダメ。

では、片手にならない「傘装着グッズ」はどうだろうか。関西の人は知っている、例の「さすべえ」である。あれはどうか。

少なくとも私はオススメできない。自転車というものは、そもそも風に弱いものだからだ。雨の日は風が強く吹きがちだし、自転車の風に対する脆弱さを助長するのがあの「さすべえ」の存在である。片手運転よりは多少マシだが、マシというに過ぎない。

とにかく「傘さし」は、まず最初に諦めることである。

## 関西スタンダード「さすべえ」を考える

だがね、この「さすべえ」。私は前々から「そのままで済ましてしまうには惜しいだけの大きなヒントも提示している」と思ってきた。

東京ではあまり一般的ではないけれど、大阪では驚くほどに普及している。関西出張などに出かけた際に、注意して見てみると分かる。普通にミナミの繁華街あたりで路上の自転車を眺めてみると、装着率は半分以上にも達するのではないかと思われる。

あれをどう考えるべきか。

前述の通り、望ましいか望ましくないかといわれれば、もちろん望ましくはない。明らかに風に弱くなるし、傘は若干前のめりに装着せざるを得ないから（走行中の向かい風を考えるとどうしてもそうなりますね）前方も見えにくくなる。高速走行はもちろん無理だ。

また、これを装着する人は、ほぼ１００％歩道を通るわけだから、明らかに歩行者にとって危険かつ邪魔である。さらには歩道の対面通行ということになると、さすべえ装着自転車同士がすれ違うことができない。

要するにさすべえは「片手放しをしなくても自転車乗車時に傘をさすことができる」というメリット以外は、すべて、マイナスに出る、というシロモノなのだ。だいいちそのメリット部分にしても、それで本当に雨が避けられる？　日焼けが避けられる？（夏のなにわのオバちゃんたちは、ものすごい高確率で〝日傘さすべえ姿〟となってる。これホントにホントなのよ）という部分に関しては、よく分からないとしか言いようがない。

その疑いを示すかのように、さすべえに類するモノは、やはり、というべきか、海外に類例がない。

車道を通るのが当たり前の日本以外の諸外国（特に欧州諸国）にとって、さすべえ的な存在は、高速運転の邪魔であり、危険のもとでしかないのだ。

雨の日に自転車に乗る、という際、彼らは、雨具を着るか、あるいは、そのまま濡れていく。少なくとも傘はささない。自転車に乗りながら傘をさすという、その発想自体がない。

このさすべえというものは、これまた「自転車は〝歩道〟を歩行者のように〝低速〟かつ〝左右デタラメ〟に走るものである」という日本の自転車交通の異常性をそのまま象徴していると言うしかないのである。

## 安全には優先順位がある

しかしながら、だ。

そのさすべえというもの、一足飛びに「だから、禁止すべき」などとは、まったく思わないのだ。

それは、さすべえを使っている人は、やはり現実として「若干マシ」だから。何に比べてマシかというと、片手放しで傘をさすような人に比べると、という意味である。片手放しで傘などという危険行為に比べると、さすべえの方がはるかに安全。これは事実だ。こういうところにこそ「優先順位」を考えなくてはならないと思う。

安全の実現には、いわばトリアージが必要なのだ。全部いっぺんに「改善します」なんてできっこない。だとしたら、まずは一番危険な方から取り除いていくこと。それこそ我々が直面している喫緊の問題を見極めなくてはならない。

その喫緊の問題の中に、さすべえ問題（?）は入ってこないはずだ。

## 笑い話のような「さすべえ」の矛盾

そもそもこのさすべえは矛盾を抱えている。

矛盾というのはこうだ。さすべえに傘を装着すると、道交法上の「普通自転車」のレギュレーション（道路交通法施行規則第九条の二「イ　長さ　百九十センチメートル　ロ　幅　六十センチメートル」の「幅」部分）を越えてしまう。つまり、さすべえを装着した自転車は「普通自転車ではなくなってしまう」のだ（〝その他の軽車両〟という扱いになる）。

ということは、さすべえ付きの自転車は、たとえ「自歩道」と指定されていても、歩道は一切通れない、つまり「どんな道路であれ、１００％車道通行が義務である」ということになる。ところが前述したように「さすべえを装着するような自転車乗り」は、１００％歩道を走る。

となると……、あれ？「さすべえ付きの自転車が走るスペース」は構造的に日本のどこにもない、ということになる。

これが「さすべえ」が根本的に抱えている矛盾だ。

ところが、さすべえ付きの自転車は走る。なぜなら日本という国は、自転車ルールがデタラメだからだ。さすべえというものは日本のデタラメ自転車状況下の、そのデタラメをこそ前提とした商品なのである。何ともすさまじい状況ではある。滅茶苦茶というのは、これを称するためにある言葉なのだろう。

しかし、それでも、私は「そのさすべえを禁止する必要は、ない」「とりあえず、今はまだない」と考える。繰り返しになるが、やはりさすべえは現状のなかでは「マシな部類」だからだ。

## 「さすべえ禁止令」の必要がなくなる未来へ

雨の日に、一番多い危険運転は「片手放しで傘、おまけに無灯火」というヤツだろう。

自転車の雨中走行は、帰り道に多いし（行きに降っていたら、電車かクルマを使うことが多いですからね）帰りに多いということは、すでに日が暮れた後、ということになりがちだ。よって、傘さしと夜間はともにある。その中で無灯火は往々にして起きがちとなる。

どこをどうとっても、これはそのまま事故の元凶だろう。

そうした自転車が、右側通行のまま、交差点に突っ込んでくる。詳しいデータはないのだけれど、そういう自転車の事故、日本全国で頻発しているはずである。この例だけをとるなら、喫緊の問題は「片手放しで傘」「無灯火」さらには「逆走（右側通行）」をやめさせることにある。

それこそがまずは先決。そこにトリアージすなわち優先順位が生じるのだ。さすべえは問題点も多いけれど、とりあえず自転車状況改善のための緊急的な優先順位は低い。

なにより「片手放しで傘さしはやめなさい」と言われて「何をこの野郎、雨に濡れるじゃねえか」と反発するようなドアホさんを「こんな器具があるじゃないですか」と、割合、簡単に移行させることができる。大危険から小危険へと引きずり上げることができる。

「さすべえ禁止！」などよりも、喫緊に改善しなくてはならないことは別にある。

まずはそこから手を付けていくこと。そちらの方が重要なのだ。総花的に手を広げても、結局は何もできずに終わってしまう。

そして、将来。

もしも、日本の自転車状況が劇的に改善され、車道に3車線程度の自転車レーンができ、左側通行が徹底され、多くの市民がクルマから自転車へとシフトするような日がくるなら、その時はじめて、この「さすべえ」は指弾されてしかるべきだろう。それも「自転車に乗る市民」同士によって、だ。

「そんなものを付けていると、前が見えにくくなりませんか」「風が吹くと危険ですよ」「雨の日は雨具を着ましょうよ」などなど。

そんな未来がきたならば、そんな市民同士の指弾より前に、さすべえはすでに存在意義をなくしているとは思うんだけど。

# 第四章

# 電アシ自転車の新潮流「スポーツ電アシ」

さあ、やってきた、電アシ自転車の新時代。

その新時代を象徴するのがこれだ。

電動アシスト自転車でありながら、スポーツバイク、すなわち、電アシスポーツ自転車である。

そんな〝バカげたもの〟がなぜ流行るかって？

いえいえ、偏見を排して、虚心坦懐にご覧じろ。

電アシスポーツ自転車は、まさに「自転車の未来」の象徴なのであります。

## 電動アシスト・スポーツ自転車序説

章が改まるにあたって、ふたたび繰り返しておきたいんだが、私はかつて「電動アシスト・スポーツバイク（ロードドレーサー）」なんて、本気で〝邪道中の邪道〟だと思ってた。

けっ、スポーツバイクに電動アシストだと？　なんでそんなものが要るんだよ。そもそも自分の力だけでストイックに推進力を得る「スポーツバイク（中でもロードバイク）」と、楽をしたいがための「電動アシスト」なんて、矛盾してるじゃないか。ちぐはぐどころか、あたかも盾と矛、いや、自家撞着、いや、それこそまさに呉越同舟。こんなものは絶対に売れないよ、とね。

## 電動アシストスポーツバイクへの「根拠ある偏見」

だいたい自転車にエレキの力が入ること自体からして、イヤだった。ダイナモ（発電機）を使わない電池式LEDライトの流行りもどうかと思ったし（ま、楽だけどね）、高級ディレイラー（変速機）に電気モーターやセンサーが入り込むことにも嫌悪感を持った（ま、楽で正確だけどね）。赤色フラッシャーや、スピードメーターなど、自転車に少しずつ電池の影が忍び寄ってくるのにさえ、一抹の危惧を抱いていた。

自転車ってのはシンプルなのがいいんじゃん、こんなコードとか電池ケースとか付いてるのはやだよ、などとプンプンしていた（言い過ぎ）。

しかし、それでも、それらのエレキ機械どもは、皆いわば「枝葉末節」だったのだ。

自転車そのものを動かす推進力だけは、あくまで人力。それこそが自転車だ。ガソリンがなくても、電気がなくても、雨が降っても、風が吹いても、自転車さえあれば生きていける、少なくとも移動はできる、と、そういうのが自転車じゃないか、と思っていた。

ところが、そこに現れた電アシ自転車（ママチャリタイプ）だった。

登場当初、私は少なからずショックを受けた。

というのか笑った。「バブルの悪しき残滓である」とすら思った。世界初の電アシ自転車、ヤマハ「PAS」は93年発表、つまり、時代的にはバブル崩壊直後だったからである。

ロードバイクの外観をほぼ損ねず、車重そのものが片手で持ち上げられるほどに軽くなった

しかし、しかしだ。ママチャリタイプならまだ許そう。そう思おうとした。私が乗らなければいいだけだ。お年寄りなどには福音じゃないか。慶賀すべきではないか、と。

ところが、それから幾星霜、私は40歳を超えて子どもを得、しかも、それが3人になり、坂道の多い丘の上のマンションに住むことになり、必然のように「電アシ子乗せ自転車」に手を出すことになった。

それが「いい！」「いや、素晴らしい！」ということになったのは、まあ、ここまでの章を読んでいただければお分かりの通りだ。

電動アシスト自転車はすごい。人生を幸せにしてくれた。たしかにそう思った。

だがね。

ここ最近の話は、スポーツバイクの電動アシスト版なのだ。

そんなのありかい。ないだろう。なかでもロードバイクだけは違うだろう、と思った。そりゃやり過ぎだろう。こんなに誤謬に満ちた「存在自体が矛盾そのもの」のようなものはナシだろうと思う。いや、思っていた。

だからして、一切、手を出さなかったのだ。

だいたいカッコ悪いし。

軽快なスポーツバイクに、ゴテゴテとモーターユニットが付いて、おまけにバッテリーが鎮座して、さらにはホイールベースが不格好に長くて、何だ！　何だこれ、こんなのに乗るのはイヤだなぁ、と、無意識に脳が拒否していたと言っていい。

……とまあ、ゴタクが長いですね。

ヤマハの「YPJ-R」

ま、言いたかったのは、そこまで私は「電アシスポーツバイク」がイヤで、なおかつ偏見を持っていた、ということだ。あえて言うなら「多くのスポーツバイク乗りと同じく」ね。

ところが、2015年の末からというもの、私はその電アシスポーツバイクに、ドカンバカンとやられていったのであります。

まずはかつての不格好でむやみにデカいモーターユニットだ。これが小さくなった。後述するが、チェーンを引っ張るタイプではなく、BB（クランク軸）を直接動かす方式になったからだ。

その結果、外観をほぼ損ねなくなった。なにより車重そのものが軽くなった。

2015年11月に開かれた東京サイクルモード（自転車の大展示会・クルマの「モーターショー」のようなもの）において、私は驚くべきものに出会っていた。ヤマハ発動機による、日本初（ある意味、世界初？）の本格的な電アシロードバイク「YPJ-R」のことである。

試乗してみた。

こんなものは、それこそもう、邪道中の邪道中の邪道のはずなのに……、ところが、私はこれにガツンとイカれてしまったのだ。

あまりのスムーズネス、自然さ、音の静かさ、それでいてモリモリ湧き上がる力強さ。幕張メッセの試乗コースを走りながら、私は「これはいい」と目からウロコの落ちる思いだった。

そこにヤマハの〝刺客〟がやってきて、私にささやく。

「ヒキタさん、これ日常的に乗ってみるつもりはないですか？　お貸ししますよ、うふふふふ」

あろうことか、その刺客は女性であった。すなわち「くのいち」だった。しかもついでに言うと、美人でもあった。つまり「ニンニンジャー・キキョウ」だったのである。ちなみに「手裏剣戦隊ニンニンジャー」のことを知っているのは、私の長男が当時まだ7歳だったからなのである。

そういうわけで、私は〝YPJ-R〟を持ち帰り、日々のユースで試してみることにした。

通勤にも使った。

ツーリングにも行った。

細かいこと（煮詰めが足りないところ）は、それなりにあるとはいうものの、なんとしても最初に述べておかなくてはならない結論がある。

「これはありだ！」である。

いや「あり」どころじゃない。

これは自転車の新たなカテゴリーであり、新たな時代をつくる可能性を持っている、ということだった。

## 電アシロードバイクのさまざまなメリット

電アシロードバイクというものは、そもそもの「矛盾感（ここまでさんざん述べてきた感じ）」からか、当初、自転車業界内でもあまり真面目に考えられていなかったフシがある。「なんだよ、それは、わははは」で終わりになっていた、というかね。だいたい電アシロードバイクは「ロードバイクなのにもかかわらず、レースに出られない」という超弩級の欠点がある。

電動アシストが付いている自転車は、あからさまに規則違反だからだ。そりゃそうだ。モーターが付いてるんだもの。これがOKならもはや何でもありだ。ドーピングどころじゃない。自転車そのものがレギュレーションに反してる。

レースに出られないということは、ハイエンドのユーザーにとっては、まったく存在意味のないものということになる。〝ツール・ド・フランス〟が注目され、『弱虫ペダル』が大ヒットし、全国のあらゆるところで、毎週末、さまざまな草レースが開かれる昨今、レースに出られないロードバイクなど、ただの「ニセモノ」だ。というわけで「そもそも考える意味ないじゃん」で、終わり。あまり真剣に検討されてこなかった。それが業界の〝気分〟だったのだ。

今から思うに、それは若干（いや、かなり）浅はかなことであった。

意外や意外、ロードバイクに電動アシストを付けてみると、そのビークルは別物に化けた。電アシロードバイクには、電アシ子乗せ自転車（ママチャリタイプ）にはない、さまざまなアドバンテージがあったのである。

キーワードは「軽い」「速い」「フラット化」、そして「民主的」である。

## 「軽い」からこそ

電アシロードは、まずは「軽い」。

ヤマハのこの〝ＹＰＪ-Ｒ〟を例にとるならば、総重量（バッテリーを含む）で15キロ。電アシ子乗せ自転車が35キロにもなることを考えると、これは驚異的な軽さである。

理由はいろいろあって、ダイヤモンドフレーム（一般的なスポーツバイクの〝三角フレーム〟）を採用することによって、軽く作っても強度が得られること、モーターユニットが小型化したことで駆動系そのものが軽くなったこと、もともとロードバイクには付属品（泥よけなど）が少なかったこと、などが理由だと思われる。が、この15キロの実現は、あらゆる意味で、この自転車に、ママチャリとは別の意味を与えた。

こういう意味だ。

現代のロードバイクは、だいたい標準的なところで（売れ筋の10万〜25万円程度）7キロから9キロという軽さを誇る。これはカーボンなどの新素材が採用されたのが大きいんだが、ブレーキやディレイラー（変速機）、ホイールなど、ひとつひとつのパーツが少しずつ軽量化を果たしたのも無視できない要因だ。

スポーツバイク、特にロードバイクというものは、この20〜30年で軽量化という意味で長足の進歩を遂げてきたのである。

では〝ＹＰＪ-Ｒ〟の15キロはどの程度のものか。

もちろんそういった現代のロードバイクに比べれば重い。ほぼ倍ある。

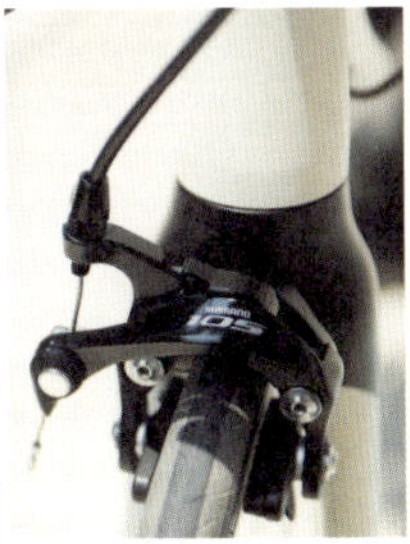

YPJ-Rのディテール。見た目はほとんど普通のロードバイク。バッテリーは軽めで、コンポーネントは「シマノ105」、ホイール・タイヤも700×25Cを履いている

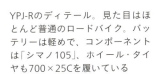

しかしながら、たとえば私の中学高校時代（30年以上前だが）、この程度の重量は当たり前だった。

同じようなドロップハンドルを持つ自転車を、当時は「サイクリング自転車」などといった。正式な車種名はランドナーである。たとえば大ヒットした「ロードマン」、当時の〝最新型〟だと、クロモリ鋼のフレームが組まれ、13キロ台から14キロ台あった記憶がある。普通のスチール（ハイテン鋼）なら、15キロ台、つまり〝YPJ-R〟と同じだったのだ。

つまりこの電アシロードは、かつてのサイクリング自転車と同等の重量、すなわち取り回し感を持つのである。

その感覚は乗ってみると分かる。

ママチャリタイプのものと比べると、この自転車は、持ち上げることができる。これは色々な局面で意外なほど便利で、要するに駐輪場や狭い歩道での取り回しが楽なのだ。はなはだしきは階段などあった場合、ま、いいや、とほいほい持ちあげていける。

こりゃ便利、と思う。

おまけに「軽い」ということは、モーターの負担が少ないということでもある。

ママチャリタイプに比べると、漕ぎ出しがよりスムーズであり、なおかつモーターストップの規制、すなわち時速24キロを軽々と飛び超えることができる。

そもそも自転車の性能というものは、ほとんど「＝軽さ」である。だからこそスポーツバイク、なかでもロードバイクは何万円もかけて、グラム単位の軽量化をはかるのだが、これが、次の「速い」のメリットに結びついていく。

## 「速い」からこそ

電アシロードは速い。

これはまあ当たり前で、見た目通りのロードバイクでありますからして。モーターとバッテリーの分、重いだけだ。

ディレイラーや、ブレーキ、クランクなど、いわゆるコンポーネント（パーツの集まり）も、定評ある「シマノ105」シリーズで固められてるし、かっちりと硬めに作られたアルミ製フレームも、スピード重視で、けっこう戦闘的なものだ。

ホイールもスポーツバイクとしては標準的なものとはいえ、大きくて（700C）まあまあ軽いし、タイヤだってロードの文法通りに細くて堅い（タイヤ幅25ミリ）。

要するに、この構成でスピードが出ない方が変なのである。

当然、軽々とスピードが出る。

電動アシスト力がゼロとなる時速24キロなど、楽にオーバーする。

ここがママチャリタイプの電アシ自転車と違うところで、ママチャリタイプの場合、時速24キロ以上が、ほぼ出せない。いや、それどころか、平地で漕いでいても、時速22キロあたりが限界性能である。

車重が35キロあって、しかもママチャリポジションなんだから、これはもう当たり前の話であって、よほどの健脚であっても、アシストが利かないゾーンに近くなると（つまり時速22キロあたりを超えると）「もういいよ」となってしまう。

時速24キロの壁をシームレスに超え、どこまでがアシスト付きで、どこからノンアシストか、体感としてまったく分からない。メーターには、アシスト力が常に表示されるが、ペダルの感触としては、実感ゼロ

ところが、電アシロードの場合は、時速24キロ以上が楽々なのだ。車重が15キロで、ロードポジションなんだもの。

そういうわけでスピードが出る。それは分かった上で、私が〝YPJ-R〟にちょっと感心したのは、この時速24キロの壁がシームレスに超えられることだ。どこまでがアシスト付きで、どこからノンアシストか、体感としてまったく分からない。メーター上には、アシスト力が常に棒グラフで出ているので「まあ、この辺かな」というのは分かるけど、ペダルの感触としては、実感ゼロだ。スムーズなのである。

となると、このあたりに、電アシロードとママチャリタイプの電アシ自転車に大きな差異が生まれてくる。

電アシロードは、すぐに時速24キロ以上に達して、アシストが切れてしまうがゆえに、バッテリーをあまり使わないのだ。

ということは、バッテリーが長持ちする、ということになる。実際そうなる。ということは、バッテリーをあらかじめ軽く作れるということになる。

これは大きなアドバンテージだ。

ママチャリタイプの電アシ自転車が、常に電気を放出しているのに比べると、電アシロードは、決まったところでしか電気を放出しない。

決まったところとは、すなわち「漕ぎ出し」と「上り坂」である。これが次の項目「フラット化」に関わってくる。

上り坂が快適極まりない

## 電アシロードは都心を「フラット化」する

日々この街を移動している人ならばご承知の通り、東京都心は意外に坂が多い。特にテレビ局などが集中する港区は、坂だらけといっていい。

その坂、実はいちいち上下最大30メートル程度しかない。しかし数だけはやたらと多いわけだ。

これは正直申し上げて萎えますぞ。

たとえば青山から芝浦まで、わずか6、7キロ程度を行くとする。間にあるのは六本木の丘（だから六本木ヒルズというのだ）と、三田綱町の丘だ。

上っては下り、下りては上るの繰り返し。

ロードバイク乗りたるもの、多少の上り坂など何ということはないし、ヒルクライムレースみたいな激坂上りっぱなしのイベントにだって、楽しんでチャレンジしたりもする。登り切った後の達成感は格別だ。本来、ロードバイク乗りにとって、上り坂は必ずしも悪いものじゃない。

だがね、毎日の通勤や、普通の街乗りで、細切れの坂が頻出し、本来、すうっと行ける距離が、いちいち上り坂で阻まれる、ということになりますとね。もうはっきり申し上げてウザいのであります。うんざりするのであります。

本来は15分程度でさくっと行ける距離なのに、それが「うんしょうんしょ」と繰り返して30分。で、細かい坂を数こなしたところで、べつだん達成感もないし、誰が褒めてくれるわけでもない。

それが、電動アシスト付きの場合、かーんたんに行けてしまうってわけ。目的地までの道を事前に想像して「あー、あそこに坂か、そういやあそこにも坂あったな」なんて思う必要もない。渋谷みたいな谷底の街を経由するにも、以前なら「いったん渋谷に入ると、どこに行くにも上り坂だからなぁ」なんて思っていたのが、「へ？　渋谷の坂？　そうそう、そういや谷底だったなぁ」ということになる。

こいつぁ楽ちんだ。快適きわまりないぞ。

これは本気の話、電アシロードを手に入れた時から、私にとって東京は「フラットな街」となった。なんだ、この新たな感覚は。なんだかますます東京が身近になった気がするよ。

……とね、先ほどから東京東京と書き続けてきて気になってるんだけど、ホントのところ、他の街々でも事情はほぼ同じだ。たとえば神戸で、長崎で。そこまで「坂の町」でなくとも、この列島にある以上、ほぼすべての都市はフラットとは言いがたい。比較的平たい大阪なんかの方がむしろ例外でね。

ところがこの電アシロード、たいがいどこの地域であっても、その都市をフラットにしてくれるはずだ。

まあね、人力は人力なのだ。自分の脚の力がなければ前に進まない。そこは自転車だ。でも、それが「キツいなぁ」ということにならない。

思えば、若い頃ならよかった。

どんなに急坂だって、ロードのシフトチェンジ一発で登り切ったものだ。何の苦もなかった。

今だって、体力的に衰えを感じることはなくはないにしても、気力というものが萎えがちなのだ。50歳前後になると、どこかワガママになるし、すぐに怒り出す。なんでこんなところに上り坂があるのかぁ、って。

怒っても仕方がないというのは、自分でも分かっているんだが、たぶん年をとるってのは、そういうことなのだ。

そこに電アシは効く。激高する（？）私を、まあまあオヤジさん、となだめながら、後から後押ししてくれる。都心をフラット化してくれる。じつに頼もしくも優しい、ナイスな野郎なのだ。

この都心フラット化には、付属するもうひとつのメリットがあって、それがGO＆STOPを楽にしてくれることだ。

信号が多く、一時停止が多い大都市の場合、必然的に、道行きはGO＆STOPの連続となる。これがまたロード乗りにとってはウザいわけだ。そこにはちょっとした理由がある。

ほぼすべてのロードバイクが装着している大径ホイール「700C」ってやつは、ごくごく単純化していえば、次のような特徴を持っている。

すなわち「回し始めるには力が要るが、いったん回り始めたら止まらない」だ。

逆に小径車は「回し始めるのに力はさほど要らないが、すぐに止まってしまう」となる。

つまりロードバイクというものは、いったん走り始めてスピードがのれば、どこまでもハイスピードで漕いでいくことができるけれど、停まったり進んだりを繰り返す、細かいGO＆STOPは苦手なのである。

現実もそれを反映していて、私が思うに、だからこそロードバイクの信号無視や一時停止無視は、現実に多いのだ。

駄目です。交通ルールは守ってください。

しかし、まあ、そのあたりにも電動アシストは効く。

信号などで、いったん停まっても、すぐに楽に走り始められるのであれば、ロードバイクであっても停まるのに躊躇《ちゅうちょ》はない。

都心という信号機ジャングル。ここにもフラット化は効いてくるのである。

## そして電アシバイクは「民主的」

最後が、ちょっと分かりにくいんだけれど、これこそがヨーロッパで電アシ自転車がウケている、一番の理由でね。電アシバイク（ロードを含む）は民主的なのだ。民主的、すなわち機会平等なヤツなのである。というのは、電アシバイクは、基本的に乗る人を選ばないからだ。

たとえば本書冒頭の「はじめに」に書いたような自転車マニアのダンナと奥さん。自転車じいさんになった、かつてのアスリート……。

いや、そのような人たちにかぎらない。体力の劣るあらゆる人々が、体力に勝る人と、同じスピードで、同じ疲労度で、同じ距離を行くことができる。

同じ自転車の楽しみを得ることができ、サドル選びやサイズ合わせなど、同じ悩みに直面することができる。

これを民主的と言わずして何という。

すべての人が「法の下」ならぬ「自転車の下」に平等なのである。電アシバイクは民主主義なのだ。

実は、ここの部分こそ電アシロードバイクの最も偉大なところで「ことさらにアスリートに、というわけじゃない、でも、私も自転車を楽しみたい」という人に、最大限の喜びを与えてくれるのだ。

そして、その喜びがキッカケになって「ウェルカム・トゥ・ザ・リアルロードバイクワールド」ということになってくれたら、私ヒキタとしても、これに勝る喜びはない。

とまあ、電アシロードバイクには、こうした効用が、びっちりと詰まっているのである。食わず嫌いをしてはならない。今やスポーツバイクの効用を、知りに知り尽くした人々だって「これはありだ」という時代なのだ。

たとえば自転車雑誌「サイクルスポーツ」編集長を永らく務めてきた、輪界の生き字引・宮内忍氏は、かつて私に対してこう言った。

「これからの時代、電アシロードを〝邪道〟なんて呼ぶヤツァ、〝外道〟だよ」

内外の自転車事情を知り尽くす氏の言葉だけに、実に味わい深いのである。

## 電動アシストロードバイク、もはや新次元？

さて、電アシロード、日々乗るなかで、私は個人的に「これはいい」「楽しい」

と思ってきたんだけれど、世界的にはちょいと困った問題も起こっているようである。

次の話は完全に「未来の現実」というか、実際に「現在の現実」になりつつある、電アシロードの、いささか都合の悪い現実だ。

このまま電アシロードという存在が、現在に組み込まれる良きものになるか、現在から排除されるアウトローになるか、なんだか、瀬戸際にいるような気すらするのだ。

## カンチェラーラの宇宙人伝説

スイス出身のロードレーサー、ファビアン〝宇宙人〟カンチェラーラ選手が、伝説の「ワープ走行」を敢行したのが、2010年の「ツール・デ・フランドル」のことだった。

ライバルのトム・ボーネン選手（ベルギー）とのデッドヒート中だ。ラストの激坂を登る際に、カンチェラーラは、驚くような猛アタックをかけ、テレビカメラの前から一気にいなくなった。ヘリコプターから追いかけても、その姿が見えず、行方が分からず、実況も解説も驚き、慌て、その姿を見つけた時には、すでに2位のボーネンと40秒以上の差がついていたという。

先日、まさにその実況をやっていたサッシャ氏と話をしたら「ホントに焦りました。どのカメラを見ても見えないわけですよ。見えないものの実況なんてできないですからね」と言ったものだ。

この驚きの猛アタックは、人気テレビ番組「マツコ&有吉の怒り新党」でも紹介されたんで、一般に（つまり自転車マニア以外にも）最も知られる名場面となったわけだが、あまりのあまりさに、さすがに主催者側も〝問題〟とした。

カンチェラーラは速過ぎる。

あれは人間ワザではない。

自転車に何らかの装置が仕掛けられているに違いない。そうだ、モーターがどこかにあるのだ！

そういうわけで、自転車に関する調査が行われた。本当にレントゲンを撮ったというのである。

いやはやこれに関しては誰もが笑い、さすがにそんなこたぁないよ、と言い、結果として、どこからもモーターの手合いは発見されなかった。

結局、この話は「カンチェラーラはスゴい！」という伝説を補強するだけとなり、騒動を傍目で見ていたファンたちは誰もが「さすがは！」とシビレたものだ。

同時にこうも思った。

「わはは、どこからどう見ても普通のロードバイクじゃん。モーターが仕掛けられてたら、すぐに分かっちゃうよ」と。

## これぞまさにメカニカル・ドーピング

ところが、だ。

２０１６年の１月、自転車競技の世界選手権で、その〝電動アシスト自転車〟

が摘発されて大問題となった。

不正が指摘されたのは、シクロクロス競技U-23女子の部に出場したフェムケ・ファン・デン・ドリエッシュ選手。21歳の若きベルギー人女性選手である。優勝候補のひとりだったという。

AFP-時事通信の記事によると、事件の概要は次の通り。


国際自転車競技連合（UCI）は1月31日、UCIシクロクロス世界選手権に出場したベルギー人女性選手の自転車から、隠しモーターが見つかったと発表した。UCIは、トップレベルの大会でのこのような事例は史上初だとしている。


いちおう、本人は「自分のではなく、友人の自転車が、レース前に間違って用意されてしまった」と、容疑を否認していたが、不正がもし認められた場合、6か月の一切の自転車競技出場停止処分、そして最高20万スイスフラン（約2400万円）の罰金が科されることになる。

結局彼女は後日、引退表明を余儀なくされた。

ま、普通に厳しい。ただね。

最初このニュースにふれた時、私はこう思った。

「わははは、なんで大会主催者も最初から気づかないんだよ、世界選手権なのに。モーターが付いていれば、見りゃ、すぐに分かるじゃん」とね。

シクロクロス競技だから、泥にまみれて気づかなかったのかな、それにしても、電アシ付きのシクロクロスバイクを担ぎ上げて走るのも大変だな、重いだろうなぁ、「坂道のメリット」に「担ぎ上げの重さデメリット」を足すと、合計トントンなんじゃないかなぁ？

とか思ったりしてね。

ところが、ドリエッシュ選手が使った可能性がある「隠しモーター」を見て、私は驚いた。

わお、こりゃすごい。これじゃ分からんよ。

## シートチューブの中に仕込まれた「隠しモーター」

驚きの隠しモーター（と目されるモデル）は〝Vivax Assist〟という。シートチューブ（サドルとBBを繋ぐフレーム部分）の中に極小のモーターを埋め込むタイプで、オーストリア製である。

欧州各国では「極小のモーターアシスト」として、2010年頃から通販などで割合普通に手に入る存在だったという。

詳細の構造は〝Vivax Assist〟のウェブサイト（http://www.vivax-assist.com）を見ていただきたいのだが、モーター本体もBBとの連結部分も、すべてフレーム内部で片が付くようになっていて、外部からはまったく見えない。装着後の見た目が、ほぼ「ノーマル・ロード」と変わらない。もちろん「ノーマル・シクロ」だって話は同じだ。

違いがあるとするなら、ハンドルにくっついたスイッチの有無だけなんだけど、それにしても、これを赤ボタンではなく、黒ボタンにする、とか、あるいは小さなバンダナでちょいと巻いてしまうとか、そういうことをしたなら、本気で分からない。

断っておくと、ドリエッシュ選手が使ったのがこの製品かどうかは（摘発時点では）まだ分かっていなかった。報じたメディアも「これを使っていた可能性を指摘する声もあります」とするにとどまっている。

ただ、問題なのは、これであってもなくても、同じような技術はすでにあり、そういう不正をやろうと思うなら、できないことはない、という、事実それ自体のことだ。

電アシのモーターユニットは、すでにここまできているのである。

## ただし、日本の公道で乗れるかどうか

ふーむ、これは……、レースとか何とかは別として、たしかに欲しくなるなぁ。

特にオヤジ世代には魅力的だぞ。私など、昭和41年生まれ、すでに堂々のアラフィフである。体力はあからさまに衰え、近くのものは見えず、アタマもはげ……、と、こうなると「ノンアシストで上り坂をすいすいとわけなく登る」なんていうのは、もはや過ぎ去りし夢である。

すいすいと登りたい。

しかも、できることなら周囲からは「お、ノーマルのロードじゃん、あのオヤジやるな」と思われたい。

もしや、この〝Ｖｉｖａｘ〟はその夢を叶えさせてくれるのではあるまいか。

というわけで、このシステム、我々（日本人）が導入を検討するに際して、一番の懸案事項は「公道で乗れるかどうか」である。つまり、日本のレギュレーションが守られているかどうかのことだ。

日本の電動アシスト自転車には、すでにクドクド述べたように厳しい規定があって（63ページ参照）この規定を守るのは、〝Vivax〟にはかなり難しいのではないかと思われるのだ。

だいいち、このレギュレーションを守るためには、ユニットに「速度センサー」や「踏力センサー」などが搭載されてなくてはならない。

だからこそ日本の電アシ自転車はハイテクの塊であるし、見た目にあんなにゴテゴテしているのだ。

ひるがえって、この〝Vivax〟は、これ以上ないほどシンプルである。だからこそフレーム内に収まる。〝Vivax〟のコンセプトはあくまで「坂道なんかでキツくなったらスイッチを押してちょ。モーターアシストが利くからね」というだけだから、センサーもなければアシスト制御の仕組みもない。もしも日本で使ったら次のようなことになる。

▼時速10キロ未満についてはOK。
この程度のモーターなら、アシスト力が人力の2倍までいかない。〝Vivax〟の出力は200Wで、子乗せ（たとえばブリヂストンのアンジェリーノ）の定格出力240Wより小さい。
▼時速10〜24キロのどこかで電アシ力がレギュレーションを突破してしまう。

▼時速24キロ以上は、明らかに規定違反。

結局、日本国内においては普通のスピード域では公道で使えない（というか、公道に出ること自体がだめ）ということになる。

おそらく国内に代理店が現れない（少なくとも平成28年7月現在、ヒキタは未確認）理由は、この辺にあると思う。

## ただし、流行らない保証はない

しかし、そこで「なーんだ」と失望（あるいは安心）するには……、この話、けっこう問題を含んでいるのである。

というのは、〝Vivax〟搭載のロードバイクで公道を走っていたとして、たとえば警察官が、パッと見た目でそのことを見破るのは、モノスゴク困難、いや事実上、不可能だからだ。

「この自転車は違反です、道交法違反で摘発します」なんて広報周知に努めたところで、そもそも普通のロードバイクと区別がつかない。

…ということは、ですぞ。

ということは、どこぞのファンキー&ブラックな業者が「公道は走れません、あくまで私有地で乗ってください」なんて文言を、取扱説明書の片隅に小さく紛れ込ませれば、普通に売れて、普通に見つからない、なんてことは有り得るかもしれない。

問題になったとしても、業者はこう言うだろう。

「いえいえ、我が社としましては、あくまで競技場やバンクなどでの使用を前提としてまして、一般公道なんて、まーったく、毛筋の先ほども考えてませんでした。なに？　公道で使ってる人がいる？　それはまた由々しき問題、当社としては、はなはだ遺憾なことでございます」なんつってね。

ふーむ、一時期、中国から大量に輸入された激安電動自転車（電アシではない）なんかのことを考えると、まんざら有り得ないわけじゃないよね。

ただ、当たり前ながら、こうした「見えないメカニカル・ドーピング」が野放しになっていいわけがない。

これは「レース以外」でもそうだ。

たとえば、自転車が歩道を走ることが多い（日本の）現状、この形状でトンデモないパワーを備えた電アシ自転車が、たとえば「出力３００Ｗ！」「６００Ｗだ！」なんてことで歩行者を蹴散らしはじめると、これはもうデンジャラス以外の何ものでもない。

また「あくまで私有地で」「公道はダメです」、つまりは違法前提で自転車をリリースし始めると、規制がそもそも効かず、時速24キロ以上であっても、スイッチ一発、どこまでもアシストが利きまくる、ということにだってなりかねん。

つまりは「ここだけの話、この自転車、時速60キロだってイケまっせ」なんてモデルだって普通に出てくるだろう。それがまかり間違って「オーストリア発のクールな若者カルチャー」なんつって流行らないともかぎらない。

というか、流行るね。だって、自分自身がたとえば20歳前後の大学生だったとしたら、欲しいもん。

「ブレーキなし！　問題なし！」とやっちゃって実際には大問題となった「ノーブレーキ・ピスト」騒動と、話は同じだ。

ま、こうした話が杞憂に終わればいいんだけど（業者のモラルに期待したい）これはこれで、けっこう困った話に発展するかもしれませんぞ。

# 第五章

# 電動アシスト自転車の未来

本書もいよいよ最終章である。

電動アシスト自転車がもたらす未来、これ、実は「自転車界」とか「子育て界」とかにかぎった話ではなく、将来の日本の姿に大いに関わるかもしれない。この国の将来に横たわる、さまざまな問題を、あっさり解決してくれる可能性すらあるのだ。

医療費の高騰、環境悪化、交通事故、地方の疲弊、そして、その前提となっている高齢化……。

これらのことを、電アシ自転車が解決する？

……と、その前に、もしかしたら未来のヒントがあるかもしれない都市を見てみよう。

そこはかつて自転車だらけの巨大都市だった。

それが激変に激変を重ねた末に、今「周回遅れのナンバーワン自転車都市」に変貌しつつある。

その都市の名は、北京。

２０１５年の秋、私はこの都市を自転車で走り、そして、ある意味あきれ、ある意味うらやましがり、そして、どちらの意味においても、圧倒されていた。

どんな形であれ（つまりポジティブであれ、ネガティブであれ）この都市の自転車には、未来を見据えるヒントが間違いなくある。

2015年の北京の自転車の様子

## 昨今リアルな北京自転車事情

### 自転車の街・北京はどうなったのか?（2015年11月）

今から20年以上も前、北京は明らかに「自転車の街」だった。ほとんどの人が憶えていると思うけど、テレビに出てくる北京の風景（特に通勤ラッシュ時）には、常に「自転車の奔流」があった。

クルマよりもはるかに多い自転車たちが、道を（文字通り）埋め尽くし、老若男女を問わず、人民の誰もが、運搬車のような自転車に乗り、走っていた。

実は私、四半世紀前に、足繁く北京を訪れていた時期があって、そのあたりのことはハッキリと憶えている。

信じがたいほど大量の自転車が、同一方向に同速度で走っていく、あの風景。ひとつひとつは小さいはずの、クランクが回る音や、チェーンが軋《きし》む音、それぞれの息づかいなどが混じり、「ゴォーッ」とでも言おうか、地の底から聞こえるような音が周囲に響いていたものだ。

自転車の波があたかもひとつの生き物のようだった。

あの風景は、今、どうなったのだろう。

テレビの中では、北京はとっくにクルマ社会に移行してしまって、自転車なんていなくなったかに見えるんだが、それは本当だろうか。

経済発展著しい、いわゆる「伸びゆく中国」は、ハイウェイにクルマがビュン

都心のホテル前の通りはこんな風情

ビュン通る、あたかもアメリカのような国だ。少なくともTVモニターの中では。

本当か？

というわけで行ってみた。

自転車で走ってみた。

すると事実はかなり異なっていることが分かった。

北京の中心街、中南海（政治の中心）や、王府井（銀座のような繁華街）などを自転車でめぐりめぐってみると、たとえそうした大一等地であれ、大まかなところクルマと自転車の比率はほぼ半々だった。

確かにあの頃よりクルマは多くなったけど、自転車もいまだに健在なのだ。「市民の足」という意味なら、相変わらず自転車（そして電動自転車）こそが、この国の主役だといえる。

実はそればかりじゃない。話はちょっとズレるけど、人民の住宅（北京の中心街ですよ）の多くには、いまだにトイレも風呂もない。だからこそ、住宅地には公衆便所が多数存在している。

相変わらず北京の風情は、我々の国の「昭和40年代」。これが偽らざる実感だ。

## この街は東京より走りやすい

前提条件として、空気は悪いのだ。

もはや日本でも有名になった北京のスモッグは、正直、想像以上だった。本来快晴のはずの空の下、朝から夕方まで、ずっと薄曇りの夕ぐれ、という風情。な

ずらりと並んだ自転車の背景がかすんでいるのはこれぞまさにPM2.5

にしろ、太陽が「光の丸」として、はっきり直視できるんだから。ちょっと大きな交差点だと、向こう岸が霞んで見えた。

目に見えないはずの「ＰＭ２・５」が、視界をはばみ、人民の健康を害している（のであろう）。自転車なんかに乗ろうものなら肺の中が真っ黒になるような気がするんだが、ま、我々がいるのは数日間だ、ということで、自転車を借りてみた。

バイクベイジン（Bike Beijing）という「先進国からの観光客」向けのレンタル自転車屋さんがあって、そこでジャイアントのクロスバイクを借り受けた。

このバイクベイジンでは（ちょっと高いけど）ロードやＭＴＢも借りられる。英語も通じる。欧米日からやってきた諸氏にはオススメであります。

さて、そのジャイアントで市内をめぐり、やはり実感せざるを得ないことがある。

この街は、東京より走りやすい、という（残念なことながら）圧倒的な事実だ。

## 北京が東京より走りやすい理由

東京より走りやすい、ということは「日本全国のほぼすべての都市よりも走りやすい」ということでもある。

その理由はいくつかあって、ひとつには「❶道があまりに平坦」であることだ。そもそも北京という街はヒジョーに平べったい街で、坂という坂がほぼない。市内一番の坂は「立体交差の坂かなぁ」というくらいだ。だから、借り受けた

驚きの自転車レーン

ジャイアントが、ツイーッと走っていく。

そもそもこのジャイアント、クロスバイクとしてはすごく重いのだ。ところが、いったんスピードに乗ると、後は楽に走ってくれる。それもこれもひとえに街が平べったいおかげだ。

次なる理由が「❷路面の滑らかさ」だろう。

ちょっと意外なことに、アスファルトの質がいい。ヨーロッパみたいにデコボコしてないし、日本のように年度年度の工事の跡などもない。中国という国情を考えると、少々、信じがたいことなんだけど、これまた事実は事実だ。

そして、最後にくる（これが最大の）理由が「❸驚きの自転車レーン」である。

これには、私ヒキタ、（かなりの）カルチャーショックを受けた。ひとことで言うなら、北京の自転車レーンは「広大！」なのだ。天安門前をはじめとして、中南海前、大柵蘭など、大通りが走るところには、みな極太の自転車レーンが通っている。大まかに言って、クルマの車線２つ分（！）だ。

東京の感覚でいうなら、皇居前や、霞が関、表参道などの一等地にクルマ２車線分の自転車レーンが引かれているというような状態だろうか。少なくともクルマ１車線程度ならば、北京中、どこにでも引かれている。

驚いたことだが、本当だ。

これだけ広いとやはり安心感は強い。同じレーンの中を、自転車だけじゃなく、モペッド（フル電動自転車）、電動スクーター、三輪車などがバンバン走っているわけだが、二輪車や軽車両同士なら、このレーン内、十分共存できる。

ふむ、このインフラは正直申し上げて羨《うらや》ましいよ。

## しかし、そのあたりが、やはり北京

ところが一方、繁華街の中の自転車道である。

繁華街の自転車走行空間は、いちおう「自転車（専用）道」として、歩道の横に設《しつら》えられているのだが（歩道とも車道とも独立している）、わははは、困ったことに、人民は交通ルールを守らないのである。

もちろんここには、自転車や電動ビークルが走り回っている。だが、同時に逆走自転車が2割程度いる。2割もいると、その2割が毎度毎度正面からすれ違う形になるわけだから、実感としては「実は半分くらいが逆走なんじゃないか？」と思えてしまう。

さらにはその自転車道の中に、違法駐車（クルマです）が当たり前に駐まっている。歩行者がぶらぶらいるのも当たり前、屋台だっている。カップルで横並びになってソフトクリームを舐めたりするのもトレンドだ。つまり、この国の自転車道は、非常なる混沌の中にあるのだ。

聞けば、２００８年・北京五輪の時だけは、警察がビシッと規制して、右側通行（日本の逆ですね）の厳守、クルマの駐車禁止、クルマ・自転車・歩行者と、それぞれの空間を守ることが、キャンペーンされていたそうなのだけど、現在ではすべてがデタラメだ。

そりゃ惜しいことだった。

車道上の極太「自転車レーン」と違って、正直申し上げて、こちら、繁華街の歩道脇に作られた「自転車道」は恐かった。

ルール違反のまま人民は思いっきりペダルを踏み、アクセルを回す（この説明は後ほど）んだから。

こういうところが、やはり北京。

この国はやはり一筋縄ではいかないのである。

## 相変わらずの大気汚染の中

いやはやそれにしても北京の大気汚染はハンパじゃない。

行ってみりゃ分かるけど、交差点の向こうが霞んでるし、太陽が直視できるし（スモッグがフィルターになって太陽が満月みたいに「○」になってる）、とにかく街の香りがどこか焦げ臭い？　いや、埃っぽい？　いや、いわく言いがたい何らかの香りが漂ってる。

そういう中、自転車で走るってのは、どうにも肺の中に何かたくさん入ってきそうで「毎日10キロも自転車通勤なんかしていると健康に悪そうだな」なんて思う。というか、おそらく実際に悪い。

先もちょっと書いたように、この街で自転車運動はしたくない。たとえばロードバイクで激走し、汗をかき、息を切らせる、なんて、得体の知れないものを、わざわざ肺の中に取り込むようなものだ。

東京だって、面と向かって問われれば「空気がキレイです」とは言いにくいけれど、この街は、そんなレベルとは一線を画しているのだ。

と、まあ、そういうことを考えてかどうか、この街では、電動自転車が大流行

よく見ると、ペダルありますね

上は北京で一般的な「電動自転車」。左はほぼ「電動スクータ・ペダル付き」という風情

りだ。

普通の状態のまま（つまり「息をはずませて運動」をしなくても）お手軽な移動ができるからね。

ただし、日本の「電動〝アシスト〟自転車」じゃない。モロに電動自転車。つまり右手グリップにはアクセルが付いていて、それをひねることで自転車が動くという種類だ。

一言で言うなら「電動スクーター・ペダル付き」という風情である。原付バイクの原型である「モペッド」の電気モーター版といったところだろうか。

フラットな北京市内だから、ほとんどペダルを踏む必要がない。

右手のアクセルにまかせて、ぐいぐいとスピードを出して移動ができる。

## 電動自転車は重いぞ

ジャイアントのクロスバイクとは別途、この電動自転車を実際に借り出して走ってみた。

たしかに楽であります。

ペダルを使う機会なんてほどんどないんだから。先述したように、北京という街自体が非常に平べったいということも理由の一つだが、もうひとつ、モーターの出力が日本の電動アシスト自転車に比べて、非常に大きいという側面もある。スピードメーターは付いてなかったけれど、日本の電アシ自転車の倍、時速40キロ程度は普通に出ているような気がした。

くだんの「バイクベイジン」によると、バッテリーのもちは、距離にして50キロ程度だそうだ。まあ、ほとんどすべての動力をバッテリーに頼るのだから、その程度で当たり前といえばいえる。

そのかわり、バッテリーは重いぞ。

サドルの後ろから引き抜いてみると、わお、15キロ程度は間違いなくある。家庭用充電器を用いるわけだけど、部屋の中に持っていくのも一苦労だ。

また、自転車自体も重い。

試しに持ち上げてみると、全体で50キロ程度は確実にある。私が家で乗っている電動アシスト自転車が35キロで、それだって十分重いのだけれど、そんなレベルじゃないズッシリ感だ。普段、激軽のロードバイクに接している人にとっては、もう目を白黒させるような重さだろうと思う。わお、あれも自転車、これも自転車か？　なんて一種のカルチャーショックを受けるかもしれない。

ま、そうであれ、どうであれ、こういう「自転車」が大流行り。大まかなところ、自転車の半分程度が、この電動自転車であるといっていい。

もはや電動自転車は、北京市民の足なのだ。

## 日本の「電動アシスト」とは別のガラパゴス

この電動自転車、前述した通り一時期、関西に持ち込まれてきたことがあった。「フル電動」なんて名前でね。そのルーツ（というか同じもの）が、この北京電動自転車なのだ。

もちろん日本の法律では違法だ。もしもこれを日本で使う場合は、電動スクーターとしてナンバープレートをとらねばならない。方向指示器やバックミラーなども必須だ。

日本で認められているのは、あくまで電動「アシスト」自転車だから。電動部分は、どうしたって「補助」動力に過ぎず、つまり、その点において日本の電アシ自転車は「ベースは自転車」として、いわば分を守ってるといえる。

ところが、そんなレギュレーションは北京にはない。必要ともされていない。必要とされているのは、もっと手軽で、もっとプリミティブな、電動自転車なのである。

自転車に電動モーターを付けるだけ。それで必要にして十分だ。

そこからスタートした北京の電動自転車は、ところが、（日本とは別の意味での）超過激ガラパゴス進化を遂げていくことになる。

とりあえず、私は最初に北京の電動自転車たちを見た時に、次のことに気がついていた。

ペダルが申し訳程度に付いているけど、見ていると、北京市民は、ほとんど踏まないんだなぁ。

それどころか、ペダルが完全になくなってしまったものだってあるんだ、これを自転車と呼べるのかなぁ……。

## 電動自転車の防寒メソッド

さて、北京の冬は寒い。

私がこの街を訪れた2015年の11月、この時点で、北京は5度だった。ま、普通に言って、東京に比べて相当寒い。

その寒い北京を電動自転車で移動するのは、当然ながら、もっと寒い。自転車のように「漕いでいればだんだん暖かくなる」なんてものじゃない。電動自転車、走れば走るほど、風があたって、体温が持っていかれて、激寒となるんだから。

そういうわけで、冬になると、身体を覆うカバー（というのか、毛布のようなもの）が大流行りとなる。

上写真にあるように簡易なもので、身体と脚の部分を風から守るだけだ。突き出たハンドル部分で車体に引っかかっている。キルティングの乙女チックなものもあれば、実用重視、軍隊風のものもある。これが冬の北京の電動自転車の必需品。

こうしたものが必要になる寒さ。実はこれも北京のガラパゴス進化を読み解くカギのひとつである。

この時はまだ5度だから、この毛布のようなものでも何とかなる。だが、今後、この都市はマイナス20度にまで気温が下がるのである。

そのとき人民は何を欲するだろうか。

当然ながら、毛布のようなものではなく、金属や樹脂製の壁があったら歓迎するだろう。それが壁ではなく、箱のようなものであったら？　すなわち、壁に囲

「自転車レーン」に「自転車以外のもの」がバンバン走っているのだが……？

まれていたなら、なおいいだろう。

そして、もしもその「箱」の中に暖房があったとしたならば？

## なぜ自転車レーンに「クルマ」が？

前提条件は2つ。❶北京は寒い。そして、❷北京の自転車の半分以上は実は「電動自転車」である。この❶と❷の事情から、北京の自転車レーン、自転車道の風景は、何だかトンデモなく独特のものとなった。私は最初「カオスだなぁ」と思わざるを得なかった。

だって「自転車レーン」に「自転車以外のもの」がバンバン走っているんだから。せっかくの自転車レーン（または自転車道）なのに、オートバイ（のようなもの）や、三輪車、軽自動車（のようなもの）が平気でバンバン入り込んでいる。

私は目を白黒させながら「こりゃさすがにメチャクチャですねぇ」と、案内人の王昕《ワンシン》さんに話しかけた。

「せっかくこんなにスゴい自転車レーンがあるのに、小さいクルマがバンバン入り込んできては、自転車レーンの効果も半減ですね（苦笑）」

すると、王さんは驚くべきことを仰る。

「いえいえ、違いますね、ヒキタさん。あれ、みんな自転車なんですよ。北京人民、実は〝自動車〟と〝自転車〟をキッチリ区別して、守りますね」

え？　だって、現実として、クルマが自転車レーンに入り込んでるじゃない……。

「いえ、あのクルマに見える物体（笑）、実は〝自転車〟なんです。少なくとも〝自転車扱いのカテゴリー〟なのですよ」

ふむ、ここには、北京の電動自転車が到達した「最終形」が、大いに関わってくる。

## 自転車が自転車でなくなった理由

王さんによると、この北京の街で、自転車というものは、必ずしも二輪車を指すものではないという。北京の進化とともに、この街の自転車はじつに奇妙な発展の遂げ方をした。

順を追って見ていこう。

話のはじめ、第1段階は、もちろん普通の「自転車」である。そこがスタート地点。

次に、その自転車はモーターを得て、ペダル付きの電動自転車に変わった。日本と違うのは、そのモーターは、ペダルと連動（電動アシスト）するのではなく、直接、右手のアクセルをひねって動かす（フル電動）ことだ。

この「電動モペッド」というような形が第2段階。

ところが、北京は真っ平らな都市だから、そうなると誰もペダルを踏まなくなる。

で「だったらペダルなんて要らないや」とばかりに、ペダルを失ってしまって、あたかも日本のスクーターのような形になった。これが第3段階。つまり「電動バイク」「電動スクーター」の形である。

ここの段階で、自転車はすでに自転車ではなくなっていると思うのだが、ま、このあたりは、高度成長期の日本の事情ともよく似ている。

あの時代に本田宗一郎が開発した、いわゆる「バタバタ」は、単に自転車に小型エンジンを積んだものだった。エンジンが非力だったため、坂道になると、人力でペダルを回し「人力アシスト」したという。エンジンの力が弱かった当初は、扱い自体も自転車だったのだ。

現に日本には、今でも「原付バイク」というカテゴリーがあるではないか。原付バイクの正式名称は、現在でも「原動機付き自転車」なのである。

## 「電動すなわち自転車」という驚くべき括り

ここで北京市独特のレギュレーションに言及しないわけにはいかない。何かといえば、北京では「ガソリンエンジン搭載のオートバイ」が、ほぼ認められていないという事実だ。

だから、一見すると「これぞオートバイですよね、250ccくらいかな?」と思えるような見た目のオートバイも、実はすべて電気モーターを積んでいるのだ。

そして、そういう電気で動く二輪車（またはそれ以上）は、この街では、みな「自転車カテゴリー」として遇されるのである。

あれ？　ということはどういうことなのだろう。

「王さん……。ということは、この〝車道と自転車レーン〟という棲《す》み分けは、

もしかして、実質、〝内燃機関（ガソリンとか軽油とか）〟と、〝電動もしくは人力〟という棲み分けということですか？」

「そう、ヒキタさん、鋭いね。最初はホントにクルマと自転車だったんだけど、結局そうなったね。でも、これ普通にうまくいってるのよ、この街では」

つまり、内燃エンジンを持つなら自動車、人力か電動ならば自転車、ということだ。

そういう括りがこの都市の現実なのである。なるほど、そう思ってこの都市の交通振り分けを見ていると、見事にそのようになっている。

現実は法に優先する。それがこの国のオキテだ。

そうなると人民が次のステップを踏み始める。

## どこまでも進化する電動ビークル

先の「電動バイク」に続く段階が、屋根付き電動バイクである。屋根だけじゃない。そこに壁もつける、箱になる。ということになると、必然的にドアがつく。で、そのままでは安定しなくなるので（特に風に弱くなる）もとの電動バイクが三輪になる。カプセル型や、三輪軽自動車（？）風など、色々な意匠があるとはいうものの、ま、大まかに言ってこれが第4段階。

そして、5段階目にして、ほぼ最終形が四輪電動バイクである。というか、こうなると、もはやバイク（二輪車）とは言えない。見た目は完全に「小さな軽自動車」だ。

右ページからの写真をご覧の通り、ウィンカーもあるし、ストップランプ、バックミラー、丸形のハンドルなどがあって、クルマ以外のナニモノにも見えない。日本人でこれを称して「自転車」というヒトは皆無だろう。ところが、この地では、これもあくまで「自転車カテゴリー」なのである。なんとなれば、電気で動くからだ。

素人に見分ける方法があるのだろうか。

ある。ナンバープレートだ。自転車はナンバープレート不要だから、そうした〝電動車〟も、基本的にはプレートを付けない。

ところが、最終形の電動四輪モノになると、ナンバーが付いているものもあるのだ。

ふむ？　クルマなのかな？

だが、それをよくよく見ると、普通車の「数字とアルファベット」ではなく、漢字だ。上左写真のこれなどは、わざわざ「老年代歩車（高齢者向けスクーター）」なんて、書かなくてもいいことが書いてある。

つまり、よりクルマに見せるための「なんちゃってナンバープレート」なのだね。要するに見栄だ。

「ね、ヒキタさん、だからよくよく見てみると、北京市民、きちんとレーンを遵守してるでしょ」

なるほどー。私は感心するやら呆《あき》れるやらで、その2つのレーンを流れるクルマや自転車を見つめていた。

これももちろん「自転車」。こういうククリもありかとも思えてしまう

## この自転車にこそ未来が？

しかしね、しばらくして、私ヒキタはちょっと考え込んでしまったのだ。一見バカバカしいように見えて、北京のこのカテゴリー分け、案外、理にかなっているのではないか、と。

それどころか、今回、私はこの電動自転車について、なんだか「未来あり」と思ってしまったのだ。

というのは、たとえば日本の地方で……。

ご承知の通り、昨今、全国各地で高齢ドライバーたちが数々の事故を起こして大問題となっている。年をとると、アクセルとブレーキを踏み間違ってしまう。

これは高齢化が続くかぎり（ということは、今後も長く）大問題でありつづけるだろう。だが、そうは言っても、地方においては、クルマは人々の足だ。ライフラインと言ってもいい。クルマを取り上げられては、日々の生活ができない。

そこに、こうした「（自転車と称する）電動ミニミニカー」はどうだろうか、という話なのだ。時速30キロあたりに速度制限を課し、ぶつかってもダメージが少ないようにボディは樹脂で。

家庭用の電源を使うから財布にも優しい、おまけにエコ、おまけに車体自体も安い、とね。

実はトヨタも日産もホンダも、こうしたミニマムカーの開発に手を出しているんだけど、もちろん日本メーカーの作るものだから、ガッチリと本格派だ。

だが、そこまで本格派に作らなくても、この程度、「電動自転車にボディかぶ

本格的な日本製ミニマムカー

せたんだよーん」というノリの北京メソッドもありなのではないか。

東京に帰ってきても、考えていた。

この北京メソッドは、少なくとも電動アシスト自転車のもうひとつの未来ではないのか。

「電動アシスト」は確かにありだが、電動でアシストされた自転車でも移動に苦労するお年寄りには、このようなあり方も、悪くはないのではないかと。

## 電アシ自転車「Eバイク」と、さまざまな「今後」

### 欧米の「モペッド」とはなにか?

では、欧米各国はどうか。

実は長いこと、欧米各国の電動（アシスト）自転車は、中国と似たようなものだった。というより、もともと「モペッド」という別ジャンルがあって、これが「電アシ自転車（のようなもの）」だったのだ。

モペッドは、20世紀のはじめごろ、電アシ自転車の真逆の発想から生まれた。本来、内燃機関（ガソリンエンジン）搭載の、簡易的な低排気量（50cc程度）のオートバイだった。ただ、当時の技術では、そのままではあまりに非力で坂道が上れなかった。

だから、坂道を登る時は「人力にてアシスト」するためにペダルが付けられたのだ。

呼び名にもそれが表れている。MOPED（モペッド）。つまりMOTORとPEDALを合わせた造語だったのだね。

現代の電アシ自転車が「本来は自転車だが、モーターでアシストする」ものだとすると、当時のモペッドは「本来はオートバイだが、人力でアシストする」ものだった。

まさに発想が真逆。

で、その発想がある意味、定向進化的に受け継がれた（？）のが、前章・中国の電動自転車であって、ふむ、なるほど、おまけに北京ではそもそも坂道がほとんどないから、人民はペダルを踏まない、つまり、人力でアシストする必要がないわけだ。

で、ああいう風景が現出することになった。

## 日本のヤマハが先鞭をつけた電動「アシスト」

日本の電アシ自転車は、最初からモペッドの発想の逆だった。人力の自転車を「電気でアシストする」というもの。

先述の通り、世界初の電動アシスト自転車は、92年のヤマハの「PAS」である。発売最初のアシスト率は、人力対モーターアシスト＝1対1だった。これが後に1対2になった。

本来は日本のママチャリで「〇〇が丘ニュータウン」の坂を上るママさんたちに、ちょっとだけ電気でアシスト力を、という発想から生まれた。重たいママチャリ、直立姿勢、坂が上れない、そもそも歩道。じゃあ少しだけ電動でアシストか……、と、発生はかなり日本オリジナル、というか、ガラパゴスな状況だったといえる。ところが、この自然さと気持ちよさが、欧州諸国でもウケたのだ。

そもそも内燃機関搭載のモペッドには、オートバイと同じく免許が必要だった。これも、電アシ自転車に味方をした。

電アシ自転車はあくまで自転車。免許要らず。

その一方、ハードとしては、各種センサーと、モーターを制御するマイコン、極小のモーターを必須とする。よってメーカーにはそれなりの技術が必要とされる。

そういう必然から、モーターアシストユニットについては、当初、ヨーロッパでも、ヤマハの独壇場だった。ところが、ドイツのボッシュがその後を追ってきた。

現在、ヨーロッパでは、すでに立場は逆転し、ボッシュがシェアナンバー1、ヤマハがかなり遅れて2位であるという。

## 欧米で主流の「Eバイク」

欧米のレギュレーションは（これは良いことか悪いことかは別にして）厳密な日本に比べると、ほとんどザルに近い。

最高速度や、最大出力にEU基準はあるものの（ただし、通常《ペデレック》とSペデレックなど複数種）、アシスト力の漸減率などは、メーカーの独自基準、自主規制に任せられていて、国によって、メーカーによって（日本人の目から見ると）タマランものを出しているところもある。

たとえば日本なら出力250W程度で「高性能電アシ子乗せ自転車（日本では最もハイパワー）」というところだが、ヨーロッパ諸国では350〜400W程度は〝通常範囲〟内。それ以上のものもある。最高速も当然のように時速35キロとか40キロとかに設定されていることが多い。

この差は何なのか。

実は、ひとえに日本側の事情なのだ。

日本での自転車が「歩行者に毛の生えたもの」という扱いで、歩道をデタラメにチャリチャリ走るというのがスタンダードなのに比べて、欧米の場合（日本以外の先進国全部）は、すべての自転車が、明らかに車両扱いである。必然的に、車道を走る（もしくは歩行者のいない「自転車専用スペース」を走る）のが普通だからだ。

基本、車道を走るのだから、その程度のパワーを持たせても、歩行者に迷惑はかからない。また、クルマやオートバイに比べればはるかに非力かつ安全、というわけだ。

たしかにね、この部分は日本だけの「あまりよろしくない事情」だろう。歩行者をぬってドケドケ、チリチリチリなんて走り方をする「チャリ」に、そんなハイパワーアシストのモーターなんて載せられないよ。

というわけで、欧米標準はそういうハイパワー電アシ自転車である。そういう自転車を「電アシ自転車」ならぬ「Eバイク」と呼ぶ。

このEバイク、広義には電動原付バイク（これまた日本より基準がゆるい）も含んでいて、今や西欧、東欧などで売れまくっている。多種多様な種類がリリースされており、たとえばフランクフルトショーにお目見えしたスペシャライズドの「ターボ」というモデルは、最高速度が時速45キロに設定されている。

このモデルの場合は、定格出力が250Wとジャパニーズ電アシ並みなのが驚きなんだが、アシスト率が違う。1対3（詳細は不明）ともいわれ、それが頭打ちにならない。つまり、人力の3倍（トータルで4倍）のアシスト力が、ほぼ時速45キロあたりまで続くというのだ。

日本の公道では乗れない。だから、自転車ジャーナリストの佐藤旅宇《りょう》さんは競技場で試してみた。実際に乗ったインプレッションはこうだ。

「ペダルを漕げばギュイーンとばかり一気に加速する。それこそ時速45キロまでは誰でも簡単に出せる。ただし一定トルクのスムーズな加速感なので、〝ドーピングして無理矢理速くしました〟的な感じは皆無。非常に自転車っぽいリニアな操縦感覚を残しつつ、周囲の風景だけが異次元のスピードで流れていく」のだそうだ。

ふむ、けっこう魅力的である。いや、かなり魅力的だ。ただ、繰り返しになるが、こうしたハイパワーEバイク、現在の日本の公道走行のレギュレーション（アシスト最高速も、アシスト率も）を外れるんで、このままでは、この国のシェアを得るのは不可能だ。

では「こうしたもの」「似たようなもの」に乗れる可能性が、まったくないかというと、そうでもないぞ。

モトベロが輸入するBESV

東京・渋谷区代官山にある「モトベロ代官山店」

## BESVがカッチョいいぞ！

最近、あくまで日本のレギュレーション内にセッティングした上で、他国のEバイクを輸入するというケースがちらほらでてきた。

渋谷区・代官山の「モトベロ」が輸入するBESVなんかが、その代表的な例で、しっかりと日本規定の「1対2、時速10キロ〜24キロで漸減、時速24キロでゼロになる」という括りを守っている。

そして、その上で瞠目するのは、見るなり「カッコイイ……！」ということなのだ。

上左写真をごらんあれ、バッテリーはフレームに一体化され、なんというのか「未来のクロスバイク」という風情になっている。日本モノとまるきり違う。こりゃ心が躍るよ。

「そうですね、代官山というお土地柄ですから、オシャレなご夫妻、若い女性などが、買っていきます」と、同店の澤山俊明常務は言う。

多少（いや、かなり）お値段は高いが、バッテリーのもちは日本以上だし、オプションも豊富だ。実は台湾のベンチャー「ダーフォン」社が作った自転車で、台湾はもとより、日本やドイツなど数々の自転車デザイン賞を総ナメにした。東アジアよりも欧州で注目されている自転車なのだ。

こりゃ売れるのも当たり前。店名「モトベロ」も「モーター」の「ベロ（フランス語で自転車）」である。澤山氏、電アシ自転車に賭けている。そして、その賭けはおそらく「勝てる賭け」だと思う。

モトベロの澤山俊明氏

## 最高速度時速24キロの理由

「今や、Eバイクは欧州だけでなく、アメリカや韓国などでも大注目を浴びてます。高齢者やママさんなど、同じようなユーザーはどこにでもいますが、それに収まらないユーザーがこうしたオシャレで高性能なEバイクを求めているんです。ある程度自転車マーケットが成熟すると、そこにニーズが生まれるんじゃないでしょうか。

こうしたEバイク、実は世界共通の基準をつくろうという動きもあるんですよ。同じレギュレーション、同じ土俵に立って、フェアな競争をする。

そうなると、日本の最高時速24キロというのには少々疑問を感じますね。ヒキタさんは時速24キロはなぜ24キロなんだかご存じですか？」

「そうですねぇ、時速25キロなら、クオーターで切りがいいんですが、たしかに時速24キロ、半端といえば半端ですよね」

「これ、実はね、原付のスピードリミットの時速30キロというのがあるじゃないですか。それが基準になっているんです。電動アシストの規則を最初に決める際に『電アシ自転車は、まあ、原付の8掛け程度だろ』という、ただそれだけで、30×0・8の時速24キロになっちゃった」

「あれま、あまり根拠はないんですね？」

「ありません。単なるイメージ、便宜上の8掛けに過ぎないんです」

なるほどね。ま、そのゆるさがママチャリ系に似合ってる、といえば、言えないこともないが、それもこれも93年時点の、いまだバブルの熱、冷めやらぬ頃だ。

「チャリンコなんて」の気分のなかで決められたママチャリレギュレーションに過ぎないのである。

今や電アシ自転車はさまざまな意匠を得て、次のステージに向かおうとしているさなかである。こうしたこともちょっと考えていく必要もあるのでないか。

それにしてもBESVはカッコいいな。こういうのを見ていると、今後、日本の電アシ自転車も何らかの変革を迫られているのかもと思わざるを得ない。

今現在の「あくまでママチャリ、そこにパワーを」というものではなく「電アシ自転車こそが新次元を拓くのだ！」という姿勢だ。

それは、電動アシストを、ロードバイクに、クロスバイクに、さまざまなカテゴリーの自転車に活かすというだけじゃなく、もう一歩先の何か、ということなのかもしれない。

たとえば、私ヒキタは、次のようなアイデアは考えられないかと思うのだ。

## 「てんでんこボタン」はどうだろう？

いま、私が夢想しているのは「てんでんこボタン」というやつだ。

「てんでんこ」とは、東日本大震災で話題になった「津波てんでんこ」のてんでんこである。

緊急時（あくまで緊急時）に、このスイッチを押すと、電アシのレギュレーションが外れ、アシスト率1対2のまま、時速10キロを超えても走れるというもの。

さらには時速24キロを超えてもアシスト率は1対2のまま。つまり「津波がき

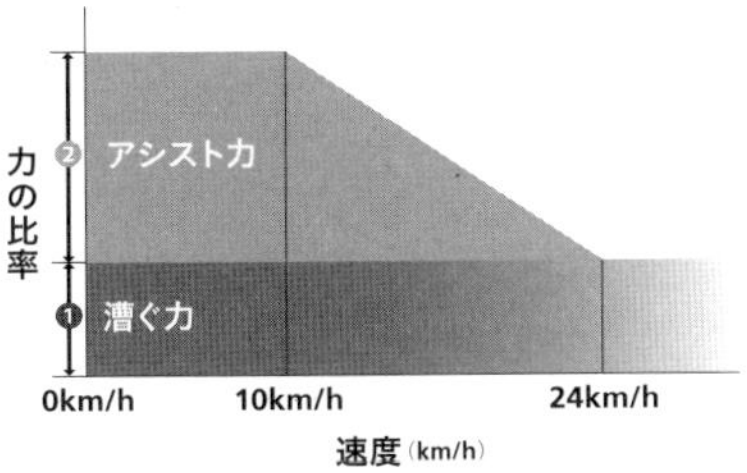

電動アシスト通常の状態

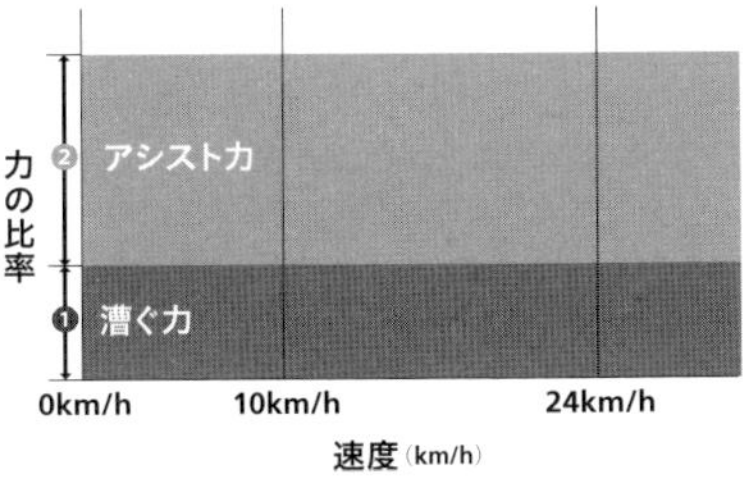

てんでんこボタンON！

た際に、体力のない人でもこれで坂を上って高台に避難できる」という話なのだ。東南海トラフを震源とする、いわゆる三連動地震と津波が、そう遠くない将来、必ずやってくる。そのことを考えると、これは大いに人命セーブに効くと思う。

津波が来たら、みなそれぞれバラバラに逃げるのだ、まずは自分の命を守るのだ、てんでんこに逃げろ。それが三陸地方に伝わる「てんでんこ」の教えだった。

今回の東日本大震災では、多くのクルマが津波から逃れようとして渋滞を起こし、そのまま津波に飲み込まれた。クルマはてんでんこに逃げるわけにはいかない。

ところが、自転車なら渋滞は起きないのだ。

おまけにハイパワーをいきなり与えるのではなく、時速10キロまでの普通の挙動を時速10キロ以上も続けることができる、という話だから、慣れない人でも安全に高速が出せる。

このボタンが日本の電アシの標準装備になったとしたら！

一番メリットがあると思われるのは、子乗せ自転車のてんでんこボタンだろう。どの乗り物より機動性があり、最も楽に（ということは長く走れる）、簡単に（誰もが乗れる）、渋滞も起こさず（道路がダメだ、という時だって、それほど邪魔にならず打っちゃっておける）、乳幼児の生命が救えるではないか。

子どもを両手で抱いて走って逃げることを考えるといい。この圧倒的な差。それはほとんど「いのちの差」だろう。

注意すべき部分がいくつかある。たとえば、

著者自作の段ボール製「てんでんこボタン」

●緊急時にしかボタンが押せないように、プラスチックカバーで覆い、いざという時にプラスチックカバーを割ってスイッチを入れる、というような形にすること。
●スイッチを入れたら、同時にうるさいくらいのサイレン音が鳴ること。つまり通常ユースできないこと。
●あくまで緊急ユースでしか使えないということを、売る際や、取説などで徹底させること。
●必ず車道を走ることを徹底させる。緊急時だからといって、歩行者を蹴散らすように走ってはいけない。

まだ色々あるとは思うのだが、とりあえず考えられるのはこんなところだ。

このアイデア、私ヒキタ本人としては、かなりイケると思ってるんだが（どこかのメーカーはこれを作ってくださいませんか、もちろん協力は惜しみません）、唯一の問題は道交法の施行細則、つまり電アシのレギュレーションをどうクリアするかだろう。

ただし、ことは緊急時なのだ。

だいいち「制限速度が時速30キロ」と定められている原付バイクにしても、それ以上のハイパワーを持ち、スピードメーターは時速60キロまで刻まれているではないか。これは、何かあった時に障害物を避けるため、などの「緊急避難」用のためなのである。それを考えると、割合、カンタンにクリアできるような気もしてくる。昨今の日本のお役所は、そこまでアタマは堅くない（と思う）。

これは間違いなく、電アシ自転車に新しい機能（いや使命）を与える。「日常生活で、便利かつ快適な電アシ自転車」が「危機の際に生命を救うビークル」に化けるという話で、レギュレーションがどうのとかいってる場合じゃないとも思う。

味方につけるべきは経産省と国交省、そして総務省あたりだろうか。本丸・警察庁にしても、事情や効用を丁寧に説明すれば、割合なんとかなるような気もしてくるのだ。なにより震災、津波対策だし、確実に人命を救うことに寄与できると私は確信する。

実際に、売れるのではなかろうか。神奈川、静岡、愛知、三重、和歌山、徳島、高知、宮崎、鹿児島など、津波が予想される地域に関しては特にそうだ。

自分自身、もしも宮崎県に住んでいて（宮崎出身なものですから）電アシ自転車をこれからチョイスするなんてことがあって、目の前にこれがあったら、これ以外の選択肢はないと思うもの。

技術的にはさほど難しいものではないはずだ。どこかのメーカーはぜひとも手を挙げていただきたい。私と一緒に国に「緊急時の特例」を認めさせましょう。

これは間違いなくこの国に住む人々のためになることだし、それを最初にリリースしたら、大ヒット間違いなしだと思いますぞ。

## 電アシ自転車、そして、未来へ

### 高齢化対策として

前項で披露した「てんでんこボタン」は、ひとつの（我ながら優れた・笑）アイデアだと思う。

でも、それだけじゃない。今後の日本を睨むと、電アシ自転車には、いや、電アシ自転車にこそ、大いなるヒントが眠っていると考える。

そのひとつが高齢化の進展だ。

北京の項の最後にちらりと触れたんだけど、日本の現状、特に地方では（言うまでもなく）高齢化がさまざまな「危険」を引き起こしている。

一番なのはむろん高齢ドライバーの問題だ。後期高齢者と言われる年齢となり、体力も判断力も衰え「ブレーキとアクセルを踏み間違えた！」ことによって起きる事故、「間違えて高速道路を逆に入っちゃった！」ために起きる事故、「信号が青に変わると思って突っ込んじゃった！」事故……。こうした事故はもうあまりに多過ぎて、当たり前過ぎて、もはや幼稚園児の列にでも突っ込まないかぎり、全国ニュースでは報じられなくなってしまった。

よく言われる通り、高齢者の免許更新には試験が必要なんだろう。そして認知症を代表とする、判断力が急速に失われる病気に関しては（周囲からの）申告が必要なのだと思う。「免許返納」にしたって、どうしてもそうせざるを得ないから、そういう制度ができる。

だが、その一方で、地方では「クルマは足」なのだ。公共交通も整備されず（というのか、撤退につぐ撤退のなか）、クルマを手放したら、日常生活そのものが成り立たなくなってしまう。

そこに出てくるのが、電アシ自転車じゃないかと思うのだ。楽ちん、快適、体力もさほど要らず、事故を起こしたとしてもクルマのようなダメージはない。これを三輪にし（倒れにくいように）、透明な屋根を付け（形は宅配ピザのイメージだ）、安心安全な自転車専用空間（つまりはインフラのことですね）を走らせることができるのだとすれば、ずいぶん魅力的な高齢者用ビークルに変わると思うのだ。

おまけにこれに乗ってると、体力そのものを維持でき、認知症予防にもきき、要するに健康が得られる。ＱＯＬ（クオリティ・オブ・ライフ）が俄然高まることだろう。クルマの運転席に座ってじっとしているのとでは段違いだ。

多くのお年寄りが口にする理想の最期、ＰＰＫ（ピンピンコロリ）は、おそらく自転車ライフを楽しんだ末に、静かに穏やかにやってくる。

## 東京のシェアバイクとして

最近、東京に赤いシェアバイク（シェアサイクル）が増えてきた。シェアバイクというのは、ひとことで言うと「街中に配置された市民の自転車」ってやつで、たとえば昨今、最も注目されたのは、五輪の先輩・ロンドン市で大量投入されたシェアバイクだ。

1日2ポンド（約150円）支払えば、指定された自転車ポート（自転車だまり）から自転車ポートまで、何度乗っても無料（30分以内に返せば）、市民も旅行者も誰もが乗れる。

ロンドンは2011年に6000台を投入し、市民に大好評をもって迎えられた。当時の市長ボリス・ジョンソン氏の名前をとって「ボリスバイク」と呼ばれている。

シェアバイクは元祖のマルセイユやパリ（いまや2万5000台）あたりから始まって、ワシントン、オスロ、バルセロナなどで続々と成功を収めている。

実は東京でも千代田区、港区、中央区、江東区で、実験的に行われていて、都内で赤い自転車に乗った旅行者をチラホラ見るようになった。

東京の場合、注目されるのは、これが電動アシスト自転車であることだ。もちろん世界初の試みなんだけど、2つの注目ポイントがある。

ひとつは、スムーズかつパワフルな電アシ自転車を供給することで「さすがはハイテクJapan！」をアピールできること。

もうひとつは、電アシ自転車のような高価なものを街中に配しても盗まれない「さすがは治安のいいJapan！」をアピールできることだ。

東京都としてもここには乗り気になってきて、この東京を巨大なエコシティにできるかもしれないという期待が高まっている。

問題は、そうして自転車の数だけが増えた中で、それをどうマネジメントしていくかだろう。

多くの人が実感しているように、現在の自転車には「走るところ」が明確に与えられていない。基本は車道左端。だが、道路によっては路肩が狭く、高速車両がびゅんびゅん通って「危ない！」と思うことも少なくない。しかし歩道はどうかというなら、もう歩行者でいっぱい、そこを無法自転車がチリチリとベルを鳴らしながら、歩行者を蹴散らしているというのが日常となっている。

そこをどうするか。

デンマークやオランダはもちろん参考になる。英国も大いに参考になるだろう。アメリカだってフランスだって参考になる。すなわち日本以外の国々は（これを認めるのは残念なことだが）すべて参考になる。「自転車はこうして走らせるのだ」ということを大いに学ぶべきだ。

そして先進各国の中で、ほぼ日本だけが、自転車に歩道を走らせ、その結果、多くの自転車事故が起きている、という事実を、まずは知るべきだろう。

## まちづくりの一環として

高齢化と少子化にともなう人口減少。その対策として、日本の各都市は今「コンパクトシティ」に向かおうとしている。

ここにも電アシ自転車は大いに役立つ可能性が大だ。

欧州諸国の先進各都市を行くと、誰もが「自転車がこんなにたくさん使われているのか」ということに気づくと思う。コペンハーゲンしかり、アムステルダムしかり、フライブルク、ミュンスター、ほか、環境先進都市と呼ばれているところは、１００％そうだ。

そういう街々と日本の各都市の差は（歩道車道や、市民の意識をはじめとして）いろいろあるけれど、物理的なハードルとなっているのが「坂」だろう。

たしかに日本の各都市は欧州諸都市に比べると坂が多いのだ。関東平野の中、一見平べったい東京だって、現実は上下30メートルの細かい坂だらけ。特に都心の港区。

「だから、自転車は東京に向いていません」と、以前、猪瀬直樹元東京都知事は言い切った。

だったらサンフランシスコ（米国の中で代表的な自転車シティのひとつ、坂の多い街として知られる）は何だ、乗りもしないで勝手に決めつけるな、と思ったが、ま、一般に坂と自転車の相性があまりよくないと思われていることはたしかだ。

しかしながら、そこに電動アシストは大いにものを言う。１４２ページにも書いたように、電アシ自転車は「まちをフラットにする」からだ。

電気のアシストが、自転車最大のハードルをなくした。その結果、自転車のメリットばかりが目立ってくる。

- 環境に優しい。
- 健康づくりに最適（医療費の削減に資す）。
- 渋滞を起こさない。
- 重篤な交通事故を起こす確率が低い。
- 経済的。

・インフラの整備に費用がそこまでかからない。
・省エネルギー。

よくよく見てみると分かるけど、これらはいずれもコンパクトシティ（ニューアーバニズム、アーバンヴィレッジなど、呼び名は何でも可）が目指すところなのだ。

これらのメリットはみなたったひとつの目標に繋がっている。

そのたったひとつの目標とは「サステナビリティ」。すなわち、今後も持続可能な都市生活のことだ。

海外のコンパクトシティがいずれも自転車を交通の中心に据えているのには理由があるのである。

## 自転車200年の歴史が、今、転機

実は自転車の歴史ってのは意外に浅い。

元祖自転車とされる「ドライジーネ」がドイツで生まれたのが、1817年のこと。たかだか200年程度しか経っていないのだ。

これは「車輪を縦に並べても、回転していれば直立する」ということに人類が気づいたのが、意外に遅かったということを指している。

だって、エンジンなしの四輪車（つまり馬車やトロッコの手合いの四輪車）ならば紀元前からあるんだから。エンジン付きだって、蒸気機関車が目見えしたのが1802年。自転車よりも古いのだ。

だから、というべきか、実は自転車、完成形のように見えながら、改良の余地がまだまだあるのかもしれない。

そんな中で、この20年、確実に進歩してきたのが、電動アシスト付き自転車だといえる。電動アシストはどうあるべきか、モーターの形状は、マネジメントは、バッテリーの大きさは、最高時速は、その他、その他。

そうしたことが、そろそろ煮詰まってきたかもしれない今、電動アシスト自転車は、各地で、各方面でいよいよ本領を発揮しようとしている。

この先には間違いなく「自転車の未来」のひとつがあると思うのだ。

自転車は、今、その200年の歴史の中、大きな転機を迎えている。そしてその転機は間違いなく、人類の転機と機を一にしている。

それはもしかして人類を救うかもしれない。いや、冗談ではなく、私はそこまで考えているのである。

## そういうわけで、ヤマハ発動機で聞いてきた

### スタイリッシュな「しまなみモデル」

本書が出る直前（2016年6月）に、ヤマハ発動機から、とある新製品（プロトタイプ）のリリースがあった。

「05GEN」というモデルで、写真を見ていただければ分かるんだけど、●電動

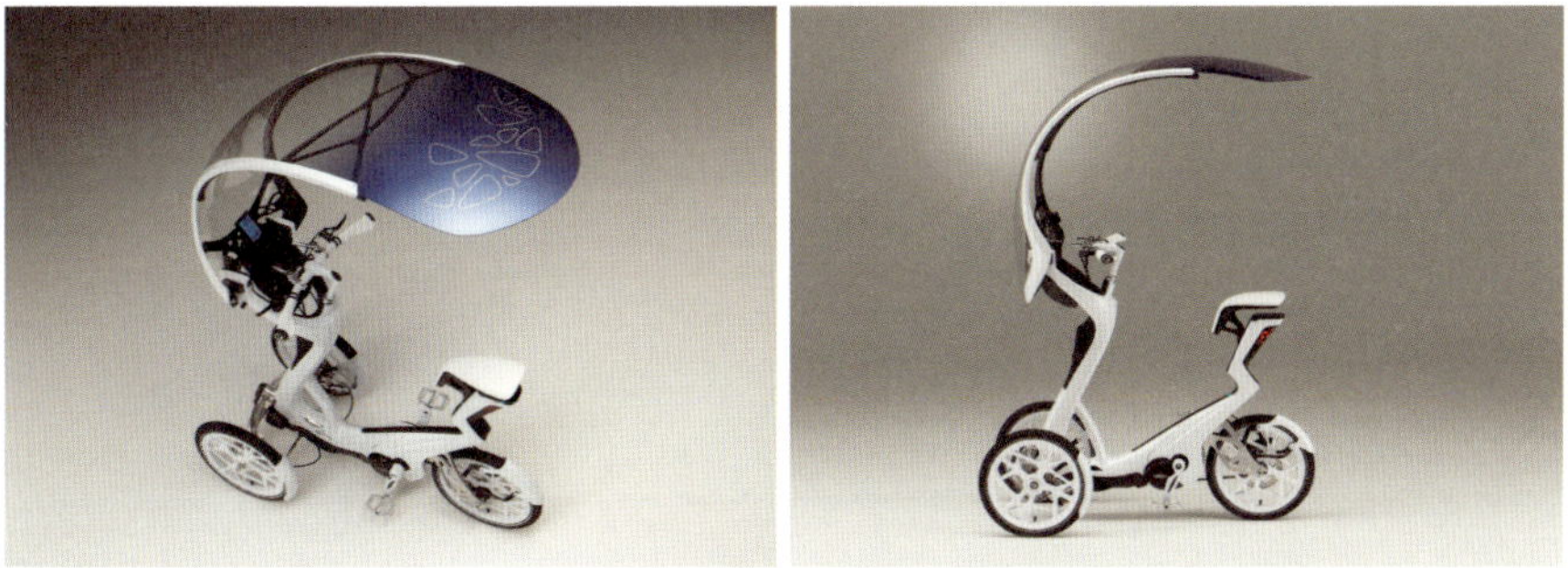

2016年6月にプロトタイプのリリースがあったヤマハ発動機の「05GEN」

アシスト自転車で、●前二輪の三輪車（トライク）型を採用、●簡易な透明屋根が付いている、というのが、三大特徴といえようか。

私ヒキタは一目見た瞬間に「こりゃー、カッチョいい。こりゃ欲しい」と思った。しかしながら、ま、残念なことに、まだ「デザインコンセプトモデル」に過ぎない。

とはいっても、単なるショーモデルというわけじゃなく、しまなみ海道の真ん中、大三島（愛媛県）にある伊東豊雄建築ミュージアムに置かれて「新しいしまなみコミューター」としての提案役となるのだそうだ。

このモデルの注目点は、もちろん「電アシ」そして「三輪車」であることだ。

この三輪、前が二輪で後ろが一輪である。

前輪がきちんと左右に傾き、身体を傾けて曲がれる。これがリーニング機構。ヤマハ的には「ＴＲＩＣＩＴＹ式」というやつで、曲がると外周に吹っ飛んでいくような、あの遠心力的不快感がないのだ。ちなみに「ＴＲＩＣＩＴＹ」とは同社の三輪スクーターの商品名である。

このシステムで三輪の回転半径の大きさ、小回りのきかなさを乗りこえる。

さらに三輪ゆえのペダルの重さ（抵抗感）は、電動アシストで乗りこえる、という算段である。

三輪のよさは、何といっても「倒れない（倒れにくい）」ことだ。しかも「低速でもＯＫ」というところにある。つまりどんなにのろのろ乗っても、この自転車は「ふらふらして危ないわねぇ」ということになりにくい。これは高齢者にとって大きな福音となろう。電アシ自転車ユーザーを拡げ、電アシ自転車が次のステップを踏む、大きなきっかけになると思う。

## 電アシ自転車は大きく変わりつつある

「最初は、買い物など〝重い（あるいは大きな）荷物を運ぶため〟の自転車で、年配の方に支持されていたんです」

と、ヤマハ発動機の鹿嶋泰広氏は言う。

「それがいつか子乗せが主流となり、アシスト率のレギュレーションが変わり、売れ筋も変わり、いろいろあって、今にいたる、と。

電動アシストの商品開発は、常に顧客のニーズに合わせながらここまできました。それがある意味、変革の時にある、というのが今なのでしょう」

現在が電アシ自転車にとって、自転車全般にとって、いや、交通全体にとっても変革の時期なのは、私にも分かる。

たとえば、現在についてば、やはり研究中なのは「高齢化にどう対応するか」という部分なのだそうな。

現在のカタログの中にも、たとえば「SION」というシリーズが「紛れ込ませて」ある。「紛れ込ませて」とはこういう意味だ。

「現代の高齢者は〝高齢者用〟というのを嫌がりますから、高齢者用とは銘打たず、しかし、高齢者に優しく、おすすめできるものを、ということでこうしました」

このSIONシリーズ、どこかに「高齢者向け」と書いてあるワケじゃない。

だが、コントローラーの文字が大きく、見やすい。ボタンもシンプルだ。ホイールが小さく、サドル高が低い。つまり足つき性が非常にいい。しかも軽いので取り回しが楽、というのが特徴で、こうして並べてみても高齢者にピタリだ。高齢者向けと書いてないけれど、高齢者レコメンド。実際に高齢者に売れている。非常にいいことだ。

「でも、以前と違うのは、以前の〝老人色〟つまりライトグリーンや、ライトオレンジなどで塗らないことなんです」

なるほど、カラーリングは、キッパリと派手なレッドや、カカオブラウンなど、なかなかアグレッシブなのである。実はこれ、本業テレビ屋の私にも大いに納得できる話だ。

現在の60代、いや、70代の感覚は大いに若い。たとえば「懐メロ」と言われれば、美空ひばりか、石原裕次郎？　いやいや、そういう人もいるにはいるけれど、大まかに言って、メジャーな「懐メロ」は、今やビートルズであり、吉田拓郎や井上陽水なのだ。

「お年寄り」だの「高齢者」だのの括りに縛られるのを嫌がるタイプ。それが現在の不良老人（笑）たちなのである。

だが、そういう人たちに、電アシ自転車（特に三輪）はピタリだと私は考える。なぜなら「見た目はスタイリッシュ、あの頃の感覚で言ってもオシャレ。しかし、密かにアシストはあり！　なのでありますぞ」という製品だからだ。

ヤマハ発動機の鹿嶋泰広氏にお話を伺った

## 技術が「自由」を保証する

「すでにお乗りいただいた〝YPJ-R〟と、従来型電アシ自転車の一番の違いはなんだと思いますか？」

そうだなぁ、そりゃ、スポーツ型とママチャリ型、見た目にもまったく違う。でも、それだけじゃないのかな？　電動モーターユニットのあり方？

「そう、ユニットがまったく違います。普通のママチャリ型はチェーンをモータースプロケットで引っ張る形（チェーン合力）なんですが、〝YPJ-R〟はBB（クランク軸）を直接回します」

「ふーん、そっちの方が効率がいいってことですかね？」

「いいえ、効率自体は一長一短なんです。それぞれにメリットとデメリットがあります。BB直接モーターの大きなアドバンテージは〝スポーツ自転車用〟という部分に出るんです」

「？？」

当初、私は鹿嶋さんが何を言っているのか、よく分からなかった。

「モーターユニットがBBを直接回す、ということは、フロントのギアが1枚で済むから、フロントにテンショナー機構も不要、ということです。これはそのまま〝外装変速機が使える〟ということを指すんですよ」

「あ、なるほど！」

外装変速機はまずは軽いし、ギア比も高く設定させられるし、構造も分かりやすくメンテナンスしやすいし、と、メリットが多く、だからこそスポーツ自転車

は100%外装変速機を採用する。ところが、この変速機は構造上「チェーンが斜めになる」ことを前提としている。

従来型電アシ自転車に搭載しているチェーン合力タイプのユニットの場合、フロントのギアが2枚あり、チェーンテンショナーがついている。外装変速では、変速する度にそこにチェーンラインの動きが影響し、異音が出たりする可能性があるわけだ。また、スポーツ自転車とは速度域が違い、変速機は3段もあれば十分だし、何より停止中に変速できる利便性は大きい。そのためママチャリ系の電アシ自転車は、みな内装変速機を装着する。

「ということは、このシステムの採用ではじめて〝スポーツ電アシ〟の道が開けた。と?」

「少なくとも日本ではそういうことになりますね」

ふむ、私は考える。こういうのこそ、まさに技術がマーケットをつくるという例ではあるまいか。

というより、技術が電アシ自転車によりいっそうの「自由」を与えた、というべきか。

## 今後のレギュレーション

今後の電アシ自転車はどうなっていくのだろうか。

モーターは今よりさらに小さくなっていくかもしれないし、全体のデザインもよりスタイリッシュに、よりナチュラルに（つまり普通の自転車との差が縮まる）

なっていくのだろう。

ただ、今後のことを考えると、どうしても避け得ないのが、現在の日本のレギュレーションだ。

世界的に見ても、明らかに最も厳しい。

これはすでに何度も書いたように、日本の自転車が「歩道通行を基本にしている」という世にもイビツな状況の中にいるのが要因なんだが、ま、それはちょっと横において、どのあたりがレギュレーションの理想像なのかを考えてみる。

「現在の道路状況、交通規則を考えると、今のレギュレーションはまあ妥当なところかなとは思います。しかしですね、自転車の本来の姿を考えると、疑問が残る部分はあります」

自転車、特にスポーツ自転車を例に考えるなら、次のようなことになる。たとえばロードバイクでなく、クロスバイク（街乗り用のスポーツ自転車・つまりママチャリ以上、ロードバイク未満）あたりを例にとろう。平地を走っていて、最も気持ちよく、自然なスピードレンジはどのあたりだろうか。

ずばり時速25キロから30キロあたりというのが、大まかな一致点だろう。人によっては時速30キロ〜35キロという人もいるかもしれない。

ところが、このレンジがまったくアシストされない、というのが、現在なのだ。

「たとえばね、こういうユーザーがいらっしゃいます。普通に仲間とツーリングに行きましてね、自分はクロスバイク型の電アシ自転車に乗っていった。

上り坂はその方ご本人のほうが強いんですよ。アシスト付きですからね。

ところが、平地になると、仲間にバンバンおいていかれてしまう。そりゃそうですよね、時速24キロでアシストは切れてしまい、その後は、ただ重いバッテリーとモーターが乗せられた、相対的に重たいクロスバイクになってしまうわけですから」

こういうことになると、やはり時速24キロでアシストストップというのが疑問になってくる。そしてその時速24キロという数値は181ページでも書いたとおり、ただ「原付バイクの8割」というだけ。便宜上の数値に過ぎないのだ。

まあこういうところも含め、何らかの見直しが必要になっているという事例のひとつなんだろう。

## その先に何があるか?

さて、そういう先にいったい何があるだろう。

すべての自転車が電動アシストになるか?

まさか。そりゃならない。ノンアシストの自転車には、そのままの自転車のよさがある。

ただ、電アシ自転車のマーケットは、今後ますます広がっていくだろう。それは「自転車から乗り換える」というだけではなく「クルマから」「オートバイから」はたまた「徒歩から」乗り換える人が増えると期待されるからだ。

それは絶対に悪いことではないと思う。

世に「エコ」という考え方があるが、その考え方の基本は、100か、0か、ではない。地球温暖化ガス排出量や、エネルギーの消費を「0にする」なんてことはそもそもできないのだから。

だが、いままで100あったそれらを、80にする、60にする、あるいはそれ以下にしていく、そして、最終的に、持続可能なバランスを得る、というところにこそ、エコの要諦はある。

そこに電アシ自転車は、最優秀な形でピタリとはまると思われるのだ。電アシの消費エネルギーは内燃機関エンジンとは比べものにならないくらい小さいのだから。

電アシ自転車は、すでに自転車の2つの苦手分野のひとつをクリアした。もちろん「坂」のことだ。

もうひとつの苦手分野は「雨」だろう。

もちろん電アシ自転車に屋根を、というソリューションはある。だが、風に弱くなるという部分をなかなかクリアしがたい。

そこの部分、私は自転車本体ということだけではなく、インフラに期待したいと思うのだ。

たとえば自転車レーンの頭上に屋根を作るというのはどうか。透明アクリル製の簡易なものでいい。軽くレインコートでも羽織れば多少の雨はクリアできる、という程度でいいのだ。

そうして社会全体が自転車フレンドリーなものになっていけばいい。私はそこにこそ電アシ自転車、そして人類にとってのサステナブルな未来があると思っている。

# おわりに

少し前に「まちづくり」についての本を集中的に読んだことがある。

まちづくりには色々な観点がある。交通であり、ゾーニングであり、マスタープランのあり方であり、中心市街地の活性化、その他さまざまな視点である。

しかし、そうした現代日本のまちづくり、それぞれの側面はありながらも、すべてに通底するテーマがある。

それは、これから起きる「人口減少」である。

しかもその理由は戦争なんかじゃない。「子どもが生まれないことによる人口減少」。この人類史の中で経験したこともない新たなフェーズに対して、我々はどう対応しなくてはならないのか、ということだ。

人口減少は、どうしたって起きる。いや、すでに起きている。そして同時にやってくるトンデモない高齢化だ。どうしたって人々の多くは自宅に引きこもりがちになり、病気がちになり、空き家現象が各地で起きるようになり、税収は少なくなり、再投資がむずかしくなり、社会的インフラが維持しにくくなる。

ご老人が増えて、人口が減るんだもの。当たり前だ。20年後には間違いなくその中に私もいる。

今後、我々は「使えるもの」を選んだ上でしかお金が使えなくなるし、今あるものを安易に捨てたり、壊したりせず、修繕して、保全して、使い続けなくてはならなくなる。

そこに輪をかけて災害がやってくる。これは必ずしも地震や津波だけをいっているわけじゃなく、温暖化が地球規模で起きる中、スーパー台風や、ゲリラ豪雨、すなわち気候変動がもたらす災害にも耐えなくてはならない。今後の日本社会、いや、先進各国はどこでもツラいのである。

では、どうすればいいのだ？

正直、どうしようもないとしか言いようがない。

ただ、自転車、それも電動アシスト付きの自転車だけは、そこに明るい効果をもたらしてくれるかもしれない。少なくとも何らかのヒントがあるかなと思うのだ。

特効薬にはならない。しかし、さまざまなメリットをカクテル光線のようにもたらしてくれる。それはこれまで書いてきた通りだ。

だからこそ、電動アシスト自転車を。

従来、私はここで「自転車を」と言ってきた。それは今でも間違いだとは思わないが、その自転車がもたらす果実を、より楽ちんに、より健康的に得られ、老若男女誰でもＯＫの画期的なビークル。それが電動アシスト自転車なのだ。

本書は今から15年前のヒット作『自転車生活の愉しみ』（２００１年 東京書籍刊・現朝日文庫）のいわばエレクトリック・ブースト続篇である。もちろん本書だけでも、なんら痛痒なく読めるはずだ。

あの頃34歳だった私は、今、49歳になった。アタマの中身は何も変わらないまま、体力だけちょっぴり落ちた、でも、そこにエレキの力が加わった。

15年前に引き続き、担当編集ヤマコーこと東京書籍・山本浩史氏には、今回もまたお世話になりました。伏して感謝する次第です。

あと、この3年というもの、パパと一緒に電アシ子乗せ自転車に乗り続けた暉、迅、梨乃の兄妹と、仕事をしながら子育てに日々邁進してきたスーパーワイフ理矢子に感謝します。

2016年　7月

疋田 智

取材協力（本書登場順）

## 株式会社モトベロ

電動アシスト自転車の価値を分かりやすく伝えるだけでなく、それによって生まれる新しいライフスタイルを提案する「電動アシスト自転車の専門店」。国内メーカーの主要な電動アシスト自転車の全てを取り扱い、海外からセレクトした車両も販売している。豊富な試乗車から自分にぴったりの1台を探したり、カスタマイズで自分だけの1台を作ることも可能。購入後も充実したサポートサービスを提供している。東京・代官山にフラッグシップ・ストアを構えるほか、自由が丘、二子玉川、湘南にもショップを展開。

http://www.motovelo.co.jp/
問　03-6277-5698（代官山ショップ）

## ヤマハ発動機株式会社

創業以来50年以上にわたり、モノ創りやサービスを通じて多様な価値の創造を追求。「世界の人々に新たな感動と豊かな生活を提供する」ことを目的に、常に「次の感動」を提供する“感動創造企業”を目指す。1993年には、世界初の電動アシスト自転車「PAS」を発売。2015年末には新ジャンルの電動アシストスポーツ自転車、ロードバイク「YPJ-R」を発売し、常に電動アシスト自転車市場を牽引してきた。現在では、ファッショナブル／シティ／ファミリー／スポーティモデルに加え、ロードバイクまで、幅広い車種のラインナップを揃え、ユーザーの多様なニーズに応えている。

http://www.yamaha-motor.co.jp/pas/
問 0120-090-819（ヤマハ発動機　お客様相談室）

カバー装画｜小山友子

写真提供(初出掲載順)｜ブリヂストンサイクル株式会社(p.19、23上)、著者(p.50、78、99右、104、159〜175、184)、ヤマハ発動機株式会社(p.135、193)、広田政文(p.165左)、株式会社モトベロ(p.180)

本文写真撮影(上記以外)｜山本彩乃(Secession)
撮影協力｜佐渡島斗茂子、佐渡島伊平、佐渡島桔平

編集｜山本浩史(東京書籍)

ブックデザイン｜松田行正+杉本聖士(マツダオフィス)

電動《でんどう》アシスト自転車《じてんしゃ》を使《つか》いつくす本《ほん》

2016年8月18日　第1刷発行

著者　疋田《ひきた》 智《さとし》

発行者　千石雅仁
発行所　東京書籍株式会社
東京都北区堀船2-17-1　〒114-8524
電話　03-5390-7531(営業)　03-5390-7508(編集)

印刷・製本　図書印刷株式会社



ISBN978-4-487-80987-5 C0095